知乎
有问题 就会有答案

知乎
BOOK

放下你的自卑吧

送给每一个
自卑内向、自我怀疑，又渴望表达的你

黄西 著

北京联合出版公司
Beijing United Publishing Co.,Ltd.

图书在版编目（CIP）数据

滚蛋吧自卑/（美）黄西著. —北京：北京联合出版公司, 2021.9
（2022.1 重印）

ISBN 978-7-5596-5186-0

Ⅰ. ①滚… Ⅱ. ①黄… Ⅲ. ①个性心理学—通俗读物
Ⅳ. ① B848-49

中国版本图书馆 CIP 数据核字（2021）第 153348 号

滚蛋吧自卑

作 者：	（美）黄 西
出 品 人：	赵红仕
责任编辑：	管 文
策 划：	知乎BOOK
出版监制：	张 娴
策划编辑：	魏 丹 刘 璇
营销编辑：	崔偲林
责任校对：	王苏苏
封面设计：	周宴冰
内文排版：	蚂蚁字坊

北京联合出版公司出版
（北京市西城区德外大街 83 号楼 9 层 100088）
北京联合天畅文化传播公司发行
三河市兴博印务有限公司印刷 新华书店经销
字数 180 千字 880 毫米 ×1230 毫米 1/32 8.25 印张
2021 年 9 月第 1 版 2022 年 1 月第 2 次印刷
ISBN 978-7-5596-5186-0
定价：58.00 元

版权所有，侵权必究
未经许可，不得以任何方式复制或抄袭本书部分或全部内容
本书若有质量问题，请与本公司图书销售中心联系调换。
电话：(010) 64258472-800

此书献给：

金妍和黄晋，你们是我人生最美好的部分。

我的妈妈爸爸，李惠淑和黄龙吉，永远感恩你们的付出和无条件的支持。

所有感到（过）卑微的人，你的卑微终将成就你的伟大。

目录

序言
从自卑者到白宫脱口秀表演，我是如何做到的
1

第一章
做一个找不准自我定位的人
1

第二章
逃避可耻，但太爽了
15

第三章
幽默的尺度：
说个笑话，或成为笑话
31

第四章

**智慧话语：
人人爱听聪明话**

45

第五章

**利用共情：
你快乐所以我快乐**

59

第六章

**创造意外：
创作笑话就像是在写悬疑小说**

75

目录

第七章

**妙用夸张：
小强啊，你死得好惨**

93

第八章

**即兴现挂：
你的发型好像特朗普**

109

第九章

**有备无患：
我是中华段子宝库**

125

第十章

**化解尴尬的方法：
尴尬点，再尴尬点**

141

第十一章

**当众演讲：
要不要先写好遗书？**

157

第十二章

**职场沟通：
讨厌职场，但请看在钱的分儿上**

175

目 录

第十三章
亲密关系：
恋爱是一场只有一个观众的脱口秀
191

第十四章
初次见面：
你好，我的名字叫自卑
209

第十五章
社交情境：
要么不开口，要么笑倒一片
225

序言

> 从自卑者到
> 白宫脱口秀表演,
>
> 我是如何做到的

大家好，我是黄西，黄瓜的黄，西瓜的西。

很多人认识我，是因为在网络上看过我的一些脱口秀，包括曾做客美国曾经最火的脱口秀节目《大卫·莱特曼深夜秀》，以及当年美国白宫记者年会上的脱口秀表演。那次表演甚至入选了美国的演讲组织教材，于是知乎大学来找我讲自信。

网络上到处都是自信的演说家，而我的特点是知道如何自卑。不开玩笑，我总结了一下自卑的几个

我是黄西，
黄瓜的黄，
西瓜的西。

你怎么笨得像猪一样！

要素：家庭的影响、学校的教育、工作的环境，但最关键的是自身的"努力"。

很多人说中国孩子是骂大的。

在家里，很多父母爱说："你怎么笨得像猪一样！"长期被骂，导致很多孩子都有自卑心理。我不一样，从小到大我爸一直夸我，但我还是很自卑。他是这样夸的："黄西，你真行！全班45名同学，你考43，你真行！"

在学校，老师爱说："你们是我教过的所有学生里面最差的一届！"我说："上一届比我们这一届还差！"老师说："你怎么知道的？"我说："我留级了！"

到了工作单位，有的领导会让你感觉自己毫无价值，甚至很紧张。有一次，我的领导对我说："公司有你没你都一样。"我说："当然不一样，你每个月得多付我一份工资。"

但自卑最重要的还是自己的"努力"：总是想到自己的缺点，想别人比自己好的地方，时时刻刻提醒自己"我不行"，同时用语言和行动告诉别人"我不行"。

我留学美国的时候，教授提了一个问题，我当时有一个想法，但我提醒自己"英文不行"，于是把想法告诉了身旁的美国同学。这位美国同学举起手把我的答案说出来，结果他被教授表扬了一番。

这件事对我刺激很大，我用英文把答案告诉美国同学，我为什么不能用英文讲给整个班级呢？这份自卑让我在学业、工作、生活上遭受了多少损失！我想变得自信，但做出改变的时候很痛苦，甚至感到失去自我。

后来，我慢慢接触到了脱口秀，找到了自己的表达方式——用一种幽默的方式去表达内心的想法，去面对自己。

很长时间过去了，我依然自卑，但我接受了自己的这份自卑，并把它当作了我的表演风格。

结果大家看见了，我在白宫调侃了当时的美国副总统拜登。当全场都为我鼓掌大笑时，那种满足感真是无法形容。

意料之外的是，10年后，我调侃的对象成了美国总统，没想到我的转正能力这么强！尽管他当了总统之后也没有对我说什么感谢的话，我也不太在意，因为我成了唯一一个当面调侃过美国总统和副总统的脱口秀演员。

回想起来总觉得有点不可思议：我竟得到了自卑的好处。

而能够得到这份自卑的好处都是因为幽默。

因为幽默，我站上了最好的舞台，有机会去表达自己。

因为幽默，我得到了认可，成了脱口秀明星。

因为幽默，我终于与自卑达成了和解，得到了我

我竟得到了自卑的好处！

想要的人生。

长时间的脱口秀表演和舞台实践，加上自身的性格特点，我试着总结出了一套用幽默去化解自卑的方法，这些方法涉及我们生活的方方面面，是实用的：

在社交场上，幽默会把你从冷落的角落带到话题的中心；

在职场里，幽默会使你从沉默的羔羊蜕变成自信的蝴蝶；

无低级笑话
无恶意吐槽

"

在尴尬时,幽默会把你从狼狈不堪的泥沼里拉出来;

在受挫时,幽默会抚摸你的伤痛;

在孤独时,幽默会让你在无聊烦闷甚至忧郁中品到一丝喜悦;

在恋爱中,幽默会帮你在开怀大笑的眼睛里发现爱情的真谛。

同时,幽默也是专业的。从心理学到社会学,从表演理论到脱口秀专业知识,都将在我们接下来的十五章中得到展现。

需要说明的是,我的幽默方法论是个"四无产品":无低级笑话,无恶意吐槽,无油嘴滑舌,无罐头笑声。

也就是说,这不仅仅是一本用幽默化解自卑的宝典,也是一堂有关我们自身心理建设、人际关系改造、公开表达、思维创新甚至脱口秀表演的综合私家课。

如果你恰好和我一样,也是一个自卑的人,无论是全职还是兼职自卑的人,都赶紧阅读这本书吧,让我们一起用幽默点亮自卑。

无油嘴滑舌
无罐头笑声

01

第一章

做一个
找不准
自我定位的人

找不准自我定位

人们常说,自卑的人最大的问题是找不准自我定位——没有目标,不知道自己能干什么、适合干什么,所以做什么都缺乏自信。

我的观点不一样——找不准自我定位根本就不是什么大问题,也许还是好事呢。

我就是一个从来都没有找准自我定位的人。

我很小的时候,对自己的定位是成为国家主席;读书后,定位改成了科学家;后来真的成为科研人员,我对自己的定位却变成了一名脱口秀演员。现在,我对自己的定位是不油腻的中年男人。目前来看,我算是找准了自己百分之七八十的定位:不油腻,中年,是不是男人得看我老婆的心情。

以我为例是为了说明：自我定位其实是很难找准的，它会随着年龄、阅历和每个阶段的实际需求产生变化。更惨的是，有些人可能一辈子都没找到过自己的定位。

有一个出租车司机跟我说："我已经67岁了，但我还是不知道自己想干什么，该干什么。"

其实这没什么。

退一步说，就算你自认为找到了自我定位，你能确定你找到的自我定位就是你真正的自我定位吗——这话有点绕——答案也不一定。

我儿子说得好："爸，你总把自己定位成我的朋友，每当我功课不及格的时候，你却告诉我：'什么朋友不朋友的，别扯犊子了，我就是你老子！'"

也许还是好事呢

再比如美国前总统特朗普，他的自我定位是一位优秀的总统，但我认为他真实的定位是一名三流脱口秀演员。

也有一种说法是，找准自我定位，实际是让大家认清自己。这就更不靠谱了。一个人怎么可能认清自己呢？孔子这么伟大，也从没认清过自己。子曰"吾日三省吾身"，一天反省自己三次，试图认清自己，但从未成功，只能日复一日地自省。

总而言之，找不准定位、认不清自己再正常不过了。

我们是人，又不是导航，哪能那么精确地找到自己的定位，然后按照林志玲姐姐指引的方向实现自我呢？

因此，找不准自我定位的确会让人自卑，但问题没有想象的严重。

那么，我为什么会说找不准自我定位是件好事呢？

第一，找不准自我定位能帮你获得不怕失败的勇气。

说一个大家都知道的故事：龟兔赛跑。兔子非常清楚自己是个跑步高手，算是自我定位准确吧，乌龟跑那么慢，它也敢去挑战兔子，这叫什么，自我定位不清晰，不自量力，结果呢，大家都知道，乌龟赢了兔子。定位不清的赢了定位清晰的。

很多人说，那是因为兔子轻敌偷懒。可问题是，正是因为它太清楚自己的实力，才会轻敌偷懒。而乌龟，虽然找不到自我定位，但它接受了挑战，如果它真的认清自己，是绝对不敢去参加这样的比赛的——好比我，是绝对不敢去跟姚明比赛篮球的，一方面是从实力上说我根本打不过，另一方面我也怕丢脸。乌龟的不自量力帮了它。

第二，自我定位太清楚会成为一种执念。

再来说一个大家都熟悉的例子：

著名的系列小说《哈利·波特》中，主角哈利在进入霍格沃茨魔法学校前，根本不知道自己是个巫师，他从来没有定位过自己的身份和人生，只是希望摆脱对自己不好的姨妈一家，去哪儿，去干什么，他都无所谓。直到后来，在慢慢学习魔法的过程中，在与伏地魔的一次次较量中，他慢慢找到了自我，最终成了伟大的魔法师。

而故事中反面的例子，德拉科·马尔福，出生于巫师家庭，他也一直把自己定位成"血统纯正"的巫师，歧视麻瓜，把他们称为"泥巴种"，自身却资质平平，总是败给哈利，甚至还差点干出罪恶的事，幸好他尚有的一丝善念拯救了他。最终，他放下"血统纯正"的执念，结婚生子。

他们两个，一个定位不清晰却走向了成功，一个定位太清晰却差点因执念而自我毁灭。

第三，找不准自我定位会迫使你不断尝试。

再说一个我自己的故事。大家都知道，我在做脱口秀演员之前，是在生物实验室工作的。当时别人对我以及我对自己的定位就是刻板的理工男，穿白大褂，戴高度数眼镜，一板一眼地工作，不容出错。结果我却意外爱上了脱口秀。

有段时间我的自我定位就模糊了，不知道自己到底想干什么，适合干什么。在这种情况下，我的选择是去尝试，白天继续工作，晚上去俱乐部说脱口秀。

那段时间很多人嘲笑我，怀疑我，甚至我的家人也觉得我在美国用英语和美国人拼脱口秀，拿自己的短处和别人的长处拼,这不是傻吗?的确,我开始讲英文段子的时候,有人告诉我:"你讲得可能很有意思,但我听不明白你说什么。"

我参加各种比赛都输。直到遇到一个以"模仿中文口语"为主题的即兴比赛,我高兴坏了:"我的机会终于来了!"这个比赛我拿了第二名。一个黑人哥们儿拿了第一。我嫉妒地问他:"你是怎么做到的?"他说:"我就是模仿你说的英语啊。"

既然一个人很难找准自我定位,也不太可能认清自己,那该怎么办?作为一名同样找不准自我定位的自卑达人,我倒是有一些经验和大家分享。

首先,做起来再说。
我认识很多人,做事情之前总喜欢先立 flag

(目标)。有些朋友想成为脱口秀演员,他们先找定位,是什么风格型的演员,是李诞那种"人间不值得"玩世不恭略显颓废的写作型,还是王建国的东北风,是呼兰的理工男智慧型,还是杨笠的清新犀利的女性视角型……琢磨了好长时间,忘了写段子,也没空上台表演。其实风格这个东西是做出来的。这些人最应该立的 flag 就是:今后没事少立 flag。

埃隆·马斯克(Elon Musk)一开始也没有把自己定义成为"硅谷钢铁侠",他和他的弟弟最开始做了一个支付平台,然后才有了特斯拉,可回收火

风格这个东西是做出来的

今后没事少立 flag!

箭、卫星链，一直到目前将自己的方向瞄准了火星。没有定位，没有方向，可以先做起来，学习了金融，创业，技术整合，经历屡次失败和他人的讥讽后，在低谷里重新定义未来。

其次，做你能控制的事情。

世上多数事情都是我们无法控制的，比如成功、出名、发财。每个人达到这些目标的途径也都不一样，在没有这些的时候，你可能会越想越复杂，越想越自卑。这时候怎么办？

在无所适从，甚至是自卑和焦虑的时候，大家可以试试著名的"两分钟法则"：如果一件事情两分钟内能解决掉，无论是什么事情，马上着手解决掉，反之，则把它推迟。这些事情可能很小，比如洗个澡，刷个碗，或收拾一下房间，完全不需要事先计划或者自我定位，随手就能完成。这些事情解决与否可能和你宏大的人生目标没有直接联系，但是每完成一件事情，哪怕事情再小，也会产生成就感，它会刺激你继续做下去，自卑感也会随之减少。

最后，把事情做精细。

接下来你要认真尝试。尝试的时候要全力以赴。当一件事你没有做好，甚至失败的时候，你还是想去做，这件事可能就是你应该一直做下去的事业。之后你将一件事情越做越精，越做越好，自然就会有成就感。而这份成就感很可能成为你自我定位的标准。比如我原本并不确定自己会成为脱口秀演员，但我写段子，上台练习，一个段子在不同时间和场合反复讲，突然有一天，我就取得了成就，这时候再来定位一下自己：嗯，我可能天生就适合说笑话。看起来有些搞笑，但事实很可能就是这样：自我定位不是目标，而是结果。

总结一下，三步走：先做起来再说，然后做自己能控制的事情，最后把这件事情做精细。至于定不定位什么的，暂时抛到一边。当你真正做成一些事情后，哪怕是很小的事情，也会有收获，而这份收获就是对付自卑最好的武器。

不知道怎么去生活，才是最好的生活。我们就做一个找不准自我定位的人吧！当然，除此之外，生活中还有很多让人自卑的事情，我们又该何去何从呢？

请看下一章，逃避可耻，但太爽了。

02

第二章

逃避可耻，但太爽了

嘿 哥们儿 你别吃我

> 我是一名自卑达人,常常有人说我遇事不积极,喜欢逃避,害怕面对,似乎逃避已经成了自卑的代名词。
>
> 我觉得他们说得对,自卑的人就是喜欢逃避,而逃避也的确是一件不光彩的事情,但那又怎样呢?前段时间有部日剧很火,叫《逃避虽可耻但有用》,要我说:逃避不仅有用,简直太爽了。

首先我们要搞清楚什么叫逃避。

逃,逃跑;避,躲避。逃避的本来属性应该是动词。

比如,我们走在森林里,遇到了老虎,怎

么办?当然是逃避了,难不成还走上前去,微笑着拍拍老虎的肩膀,说:"嘿,哥们儿,你别吃我,我给你来段脱口秀开心一下?"这不现实。所以,当我们逃避的是危险,那么一切都无可厚非。

接下来要说到逃避的第二层意思了。

《现代汉语词典》上对逃避的解释是:躲开不愿意或不敢接触的事物。这里又包含着"不愿"与"不敢"两个意思。不愿,包含着主动的意愿,理由可以是不喜欢。例如,在咖啡馆大声谈生意的,在街上随地吐痰的(没准儿就吐到你身上),还有在大街上推销的。

还有就是"不敢",这是一种被动的表现,理由是害怕、恐惧。

我 给 你 来 段
脱口秀开心一下

> 人们不齿的通常就是"不敢",觉得没出息,于是把逃避跟懦弱画等号,而懦弱是自卑的典型特征。
>
> 此外,逃避的方式有很多种。
> 比如拖延症。
> 我儿子就有严重的拖延症,每次让他写作业,他就开始拖延,一会儿说要上厕所,一会儿又说肚子饿。有时候我冷静一想,如果没点拖延症,在现在这个忙碌的社会和学校,可能连遐想、做白日梦、发呆的时间都没有。有时候我看

他学习太刻苦会提醒他:"是不是该上个厕所休息一下眼睛?"

有一种逃避是消费。

这点在女性身上尤为明显。拿我老婆举例,每次我看见她在手机上看淘宝,就问她:"又在买东西吗?"她通常头也不抬,回答我:"不,我在逃避生活。"所以我建议淘宝以后把"双十一"改改名,不要叫"双十一"了,就叫"逃避日"。要是每个月的信用卡账单也可以逃避掉就好了。

有的男人会逃避家庭。

男人又想逃避工作,又想逃避家庭——早早下班后自己在车里待两个小时。我有个朋友,有

我在逃避生活

老婆有孩子，下了班却从不回家，要么和同事们去唱歌打麻将，要么一个人去健身房健身。实在累了要回家，就一个人躲在书房上网打游戏。不过他最近好一点了，因为他发现自己老婆关注了杨永信。

逃避其实是人的常态，我们应该如何正确认识逃避与自卑的关系呢？

首先，我认为，逃避是人的本能。

人的本能是什么？四个字可以总结，趋利避害。有价值的、对我们有用的，我们就去追逐；对我们有害的、令我们恐惧的，我们就应该逃避。这没什么可羞耻的。从这个角度看，逃避并不是懦弱，而是一种选择，什么对我们有利，什么对我们有害，身体已经帮我们做出了选择。

其次，逃避是一种自我保护，能减轻伤害。

撇开危险不谈，逃避不愿或不敢面对的人和事，也是一种自保。精神分析学派的创始人弗洛伊德曾经提出过一个概念，叫作心理防御机制。他认为，人格结构包括"本我""自我"和"超我"三部分。"本我"由先天本能、基本欲望组成，是贮存心理能量的地方，它寻求直接和立即满足需要，只受"快乐原则"支配。"自我"是现实化的本能，在现实的反复作用下遵循"现实原则"，既追求欲望的满足，又力求避免痛苦。"超我"是道德化的自我，代表社会道德标准。

我们在电影电视里面常看到，角色面临抉择的时候，脑海里会出现两个小人，一个是恶魔，一个是天使。恶魔教你放纵，人生苦短，天使劝你做一个高尚的令人羡慕和尊敬的人。恶魔就是本我，天使就

想 开 点

是超我。你就是自我，即听了天使和恶魔的话之后的你现实的样子。

比如我经常晚上12点突然想吃炸鸡喝啤酒，脑子里出现两个小人，一个说："痛快吃喝，人生几何？"另一个小人呢？是个哑巴。减肥很难。

"自我"通常很难既满足"本我"和"超我"的要求，又符合现实原则，它必然会遇到一些挫折。为了减轻恐惧、焦虑、紧张等心理压力，使机体免受损失，个体就用投射、升华、文饰、自居、压抑等行为方式来应付挫折，这就是心理防御机制。由于每个人的个性特点和遭遇挫折时的情境不同，采用的防御机制也不相同。

心理防卫机制的积极意义在于能够使主体在遭受

困难与挫折后减轻或免除精神压力，恢复心理平衡，甚至激发主体的主观能动性，激励主体以顽强的毅力克服困难，战胜挫折。

上面这段话有点学术性，翻译过来的意思就是，想开点，不要硬碰硬。

我一直觉得人的内心就像是一台精密的仪器，而且是精密的玻璃仪器。你不得不拿来使用，但同时也需要保护它以免轻易受损。每一次硬扛都可能是一次过度损害，一旦造成无法修复的心理疾病，那麻烦就大了。

很多直男追女孩的时候不知不觉就硬着来。看

不要硬碰硬

见喜欢的女孩就问:"你能跟我好吗?"女孩当然说不行。男孩可能好久都不会再有追女孩的勇气。如果先逃避一下你相貌平平、才能不出众的现实,和她交个朋友,然后再找机会表白,既能保护自己脆弱的心灵,也能保护你在女孩心目中的形象。

此外,我认为,逃避不过是别人对你的看法,甚至是一种误解。

大家都知道,我以前在美国做生物科学,在很多人看来,那是正业。后来我开始不务正业,说起了脱口秀,于是包括亲戚朋友在内的很多人都会觉得,黄西放弃了自己的人生,他在逃避。他们看不到我为成为一名脱口秀演员所付出的努力,我每天早上爬起来去写段子,独自对着镜子练习表演。他们也看不到我鼓起勇气走上舞台时的决心以及无法逗笑别人时的痛楚。

对,没错,我是在逃避,不过我逃避的只是世人眼中的标准,而面对了一条自己喜欢的人生之路。

逃避其实也是一种归零的办法。就像你的电脑,打开的软件太多,想做的事情太多,结果所有的事情都慢下来。这时候关机重启,可以关掉很多不重要的东西,让最关键的功能得以改善。人生太嘈杂,每个人想做和需要做的事情都太多,逃避一下,让身心有个从零开始的新鲜动力,这不是坏事。

最后,身为逃避大师,我可以给大家一些实际的"逃避小技能",邀请大家加入这个因为逃避而感到自卑的大家庭中来:

第一,关掉手机和电脑在内的所有通信设备。

不要发朋友圈

　　让任何人都找不到你,逃避一两天,看书,写字,看电影,大吃一顿,或者去旅行,放空自己,就当是休整——前提是不要发朋友圈。

　　当然,对于工作很忙的人而言,逃避一两天太奢侈了。那就利用一切可逃避的时间逃避。比如我,每次坐长途飞机的时候是我感到最平静的时候。关掉手机,人也不能动,只能在座位上,或望着窗外的云层发呆,或集中注意力看会儿书,这段时间就是一次小小的逃避。

　　第二,拒绝一切不想参与的无谓社交。

拒　　　绝　　　无

记得谁说过一句话，如果自己能力不行，再多的社交都不过是让你成为别人通讯录上可有可无的一个名字。

大家可能会有体会，每次出去见人，认不认识的都要加你一个微信，好像加了之后大家就会熟一点，但实际上不会联系的永远也不会联系了。所以我的办法是，带两个手机，一个手机专门用来给别人加微信，现在我那个手机的微信通讯录里已经加了几千个了。

第三，尽量不要承担一些你承担不起的责任。

比如不想结婚就不要结婚，不想生孩子就不要生，买不起房就租房，不要被七大姑八大姨干扰。我始终觉得，任何试图以他们的想法来指导你生活的人，都是心怀恶意的。对于这些人，你完全可以不留情面地反击——如果她们再问你为什么不结婚，你就反问她们：为什么不生二胎呢？

第四，尝试写日记，把内心真实的想法记下来。

人只有在独自写作的时候，才会真正地去面对自己。

在深夜埋首写日记的时候，没有人会对自己撒谎，那是毫无必要的，除非你是个作家，期待自己哪天死后，有人把你写的所有东西都挖出来出版给世人看。不过那样也没关系，反正你自己是看不到了。

无论如何，我们可以逃避危险，逃避现实生活，逃避一切我们害怕面对的人和事，但我们不能逃避自我，因为那是一道我们作为人而言必须坚守的最后的防线。

这一章到这里就结束了，接下来我会以自己的经验来分享一些日常生活中实际的幽默沟通技巧，欢迎大家继续阅读。

03

第三章

幽默的尺度：说个笑话，或成为笑话

我们在生活中与人交往时常常会开点玩笑,或者说个笑话,以此来活跃气氛。有时候掌握不好尺度,说出来的笑话不仅不好笑,还容易伤到别人,导致自己成了笑话。那究竟怎么掌握幽默的尺度呢?

我的观点是,以中央电视台的尺度来要求自己。

这么说,有的人就会跳出来反对了:这不是自我设限吗?说个笑话也要思前想后,还有没有自由表达的空间了?其实,所谓自由都是相对的,自己在家随便怎么表达都可以,赤身裸体说笑话都行,只要别线上直播。可一旦涉及"公共区域",影响到"他人",

中央电视台的尺度

就是分寸感

通常就会有尺度规范。

这应该是常识。

尺度,其实就是我们常说的分寸感。分寸感拿捏得当,是检验一个说笑话的人是否成熟的标志。具体可以分为三个方面:

第一,性别。

我们说笑话,首先面对的问题是说给谁听,也就是对象是谁,其中可以再细分为几个方面,第一个是性别。

对象是男是女,从某种意义上来说,决定了大范围上的尺度。举个例子:

"早上好啊，你看起来精神不太好，昨晚是不是太辛苦了？"

这个玩笑明显带有颜色，适合男人与男人之间。但是，如果对方是女性，就显然不合适了，不仅会让对方觉得尴尬，你还可能收获一个投诉。

简单点说，带有性意味的笑话只适合在同性之间开，在异性之间属于性骚扰。当然，在搞不清对方性别的时候就更不要讲有危险性的笑话了。

第二，熟悉程度。

撇开性别不谈，即便是同性之间，面对熟人与陌生人，说笑话的尺度也完全不同。对于陌生人，大家第一次见面，说个笑话，说得好能迅速拉近两人之间的距离，说得不好就会得罪人。

有一次，我问一位初次见面的新同事："你说今天这是雾呢,还是霾呢?"同事轻描淡写地说:"这算晴天。"

大家共同关心的公共话题,比如天气、交通、房价等,是最容易拉近谈话双方距离的。

第三,内容禁忌。

有些玩笑,无论对方是男是女,是陌生人还是熟人,都不要开,因为涉及底线。

首先,不开政治玩笑。在美国拿政治人物开涮是常有的事,主持人爱说,观众也爱听。但每个人的喜好和信仰不一样,随意拿政治人物开涮,你可能觉得不关他的事,对方却可能会觉得情感受到了侮辱,以致闹得不欢而散。每个国家的情况和法令不同,尺度也不同,即使在美国朋友和同事之间,为了避免不愉快,大家也都避开政治和宗教的话题。出于互相的尊重，这类玩笑能不开就不开吧。

如果你不小心碰到了这种爱开政治玩笑的人，我教你一个办法，拿出手机，把摄像头对准他，然后说："讲得太好了，我拍下来替你发个微博？"他马上会住口。

其次，不拿人家的私事开玩笑。

人与人之间最起码的礼貌就是要尊重对方的隐私，像对方的家庭、收入、疾病等，都不要拿来开玩笑。

有一个哥们儿去朋友家做客。朋友刚生了孩子，他一看，就说："哟，你儿子长得好像我啊。"据说他现在还在医院里躺着。

然后，不开弱势群体的玩笑，包括穷人和从事底层工作的人。这样的玩笑一方面显得不平等，缺乏对对方的尊重；另一方面，嘲讽弱势群体这件事，从出发点上就错了，于段子本身而言不仅不会好笑，反而会令人反感。

最后，一些社会约定俗成的公共道德玩笑不开。比如地域和种族歧视的玩笑不开，同性恋的玩笑不开，所谓"城里人与乡下人""本地人与外地人"的玩笑不开……很多玩笑并不可乐，却带有一丝沾沾自喜的优越感，令人感到厌恶和不安。

总结来说，政治笑话、隐私笑话、低级的黄色笑话、弱势群体的笑话、引发道德争议的笑话等，都不要开。大家可以试着比对一下，是不是和中央电视台的尺度很相似？

说到这里，很多人可能会问，既然开玩笑有这么

不,崔老师
是你的抑郁

多禁忌,那到底什么样的玩笑才适合开呢?接下来是一些如何开玩笑不会突破尺度的建议:

建议一:提前做功课。

简单说,就是提前了解你要说笑话的对象。

他(她)的个性如何,有没有什么禁忌(比如宗教或者民族习俗),对什么感兴趣,最近正在做什么事情,诸如此类。

现在社交网络这么发达,我们在见一个人之前,完全可以先简单了解一下,以免犯错。

以我第一次和崔永元见面为例,他是个爱开玩笑的人,他一见我就说:"黄西啊,看到你我就开心,你的幽默治愈了我的抑郁。"我回答说:"不,崔老师,是你的抑郁治愈了我的幽默。"

建议二:先观察,再说笑。

开玩笑是需要观察能力的,观察对方可以接受多大尺度的笑话。

如果把人比作一个陶罐,对度量大的人怎么开玩笑都行,而对度量小的人则尽量少开玩笑。我们可以先不说话,看看对方到底是哪一类陶罐,再决定说怎样的笑话。

这种事情不能直接问,只能观察。

如果你直接问:"你喜欢开玩笑吗?"大部分人都会说:"喜欢啊!"但是他们能接受的尺度是没法

问,也问不出来的。比如:"你能接受关于开车的段子吗?""体重的呢?"对方可能已经开始敏感起来了:"你说谁胖呢?!"

建议三:多开自己的玩笑。

开玩笑有风险,但在某些场合又必须得活跃气氛,那么就开自己玩笑。

开自己的玩笑是最没风险,也最容易获得他人认可的方式。在最近很火的脱口秀节目上,我们可以看到,明星上场自黑已经成了所有人都可以接受的看点。同样,在生活中,我们把自己放低一点,多开开自己的玩笑,绝对是一个很好的办法——因为自己很清楚尺度在哪里。

我每次上台基本上都会开自己的玩笑。我在美国的时候,因为亚裔本身就是弱势群体,加上我的英语充满了东北口音,说的是自己在美国打拼时遭遇的倒霉事,大家看得哈哈大笑,之后也多了一份对移民的理解。

比如在莱特曼秀上,我上台的第一句话就是:"大家好,我能表演的时间不多,因为我的绿卡快到期了……"

建议四:当听众。

这一招最有效,如果你搞不清楚尺度,最好的办法就是做一个好听众。

我就是从一个听众做起的。听别人讲段子,开心地笑,好好捧场,可能是拉近距离最好的办法。通过对方的话和对方的段子,你可以观察了解对方,在适当的时候再讲自己的段子。

沟通心理学强调,一个善于沟通的人首先应

该是一个听众,"倾听"被列为比"说"还重要的沟通技能。相声演员常说:"语言是一门艺术。"而我认为,倾听同样是一门艺术,是建立自己良好形象的最简单的办法,不懂得倾听的人是无法取得成功的——贝多芬除外。

"我们花一年时间学会说话,却要花一辈子学会闭嘴。"

说到底,笑话只是一种用来沟通的手段,如果我们把人与人之间的关系比作齿轮,用得好,它就是润滑剂,用得不好,它就是502胶水,根本转不动。

当然,在交往之中,仅仅会说一些尺度内的笑话却要花一辈子学会闭嘴！

还不够，必须让人觉得你的笑话有品质、有内涵、不肤浅，这就需要智慧的添加。

怎样才能让自己的幽默看起来充满智慧呢？我们下一章继续讲。

04

第四章

智慧话语：人人爱听聪明话

对不起

刚开始，我讲的脱口秀效果很不好。

坚持了三四年后，我碰到一位在这行干了二十多年的"老司机"。他看了我的表演后跟我说："黄西，你的段子需要别人想一想才能笑。所以你应该放慢速度讲，讲完之后给观众一些时间去琢磨。"

我听了他的话，一点一点地形成了我的冷笑话风格。很多人对我的认识也是"一个说冷笑话的人"。在这个过程中我明白了一个道理：大家爱听笑话，但更爱听智慧的笑话。

某种程度上，智慧是化解自卑的底气。它与自卑是此消彼长的。智慧多一点，自卑就会少一点。而那些能说出智慧笑话的人，已经将自卑死死踩在了脚下。

这是什么原因呢？我试着分析了一下。

第一，世人都有智力崇拜。

人的一生，通常是被用智力来评判的。

从这点看，智力有很功利性的一面。

小时候，大人夸你会说："哟，这孩子聪明啊，长大一定有出息。"看看，聪明与否直接决定了你未来能否成功。

到了成年，大家在不认识你的情况下，首先拿来判断你的东西是什么？学历。找工作，学历是个门槛；找对象，学历是个砝码；现在就连给孩子找个好学校也得看学历——"对不起，我们这儿的家长都是硕士以上学历，您才本科毕业，所以是不是考虑给孩子换个学校？"

很势利，也很现实。

我们这儿的家长
都是硕士以上学历

人人都有智力崇拜

从某种程度上说，我的成功是沾了"人人都有智力崇拜"的光。

到了老年，那就更容易沾光了。在很多人的眼里，老者等同于智者。你要是留个白胡子，减减肥，走起路来一副仙风道骨的模样，那大家简直就把你当作活神仙一样崇拜。

最近几年，美国却出现了"反智"倾向：大家觉得有头脑的人不够酷、不受人待见。大部分学校里的学霸被叫作 nerd（愚蠢的人）甚至是 geek（极客），是不受异性欢迎的另类。甚至在有些学校里，交作业就会挨揍。小布什、特朗普能当选美国总统便与这种"反智"倾向不无关系。尤其是特朗普，他说话的水平和美国小学四年级的学生差不多。

外国人对中国人的刻板印象之一就是智慧,所以这种倾向对大多数中国人是不利的。

不过所有的事情都是物极必反。随着高科技产业的发展和民众教育水平的提高,全球都有更加认可智慧的倾向。《生活大爆炸》《硅谷》《小谢尔顿》等关于学霸的剧非常流行,甚至产生了一个新词——Sapiosexual(高智商控),认为有智慧的人更性感。

第二,聪明的笑话看起来更高明。

人最怕的不是被别人打倒在地,而是怕被人说傻。身体的弱势产生的创伤是可以修补的,回头还能偷偷骂打人者一句"傻大个"和"有勇无谋"。但智力上的弱势会造成心理和精神的创伤。因为智力是无形的，所以大多数人都觉得人们在这方面差异不大，即便你受教育的程度高、见识广、语言能力强，一般人也不会觉得你比他聪明。

所以，那些骂人的话大多与智商有关：傻×、笨蛋、蠢货、神经病、脑子进水、弱智等，好像这样骂人能建立起自己的智商优越感似的，从而得到精神满足。

表现在笑话上，智慧的笑话看起来更高明。而能"听懂"高明的笑话，说明自己也高明，从而产生精神愉悦。

第三，那种比谁嗓门更大的喜剧表演方式或许已经过时了。

曾几何时，我们的舞台上流行那种谁嗓门大谁就厉害的喜剧表演，比如春晚上的小品，好家伙，真是一个比一个嗓门大。我每年除夕夜都睡不好觉，只要一闭眼，就会被电视里的小品演员喊醒。关了电视，邻居家的电视又喊起来了。

有一年，有个导演来找我，说能不能准备一段脱口秀上春晚表演。我认真准备了好几个月，最终连初审都没通过。他们给出的意见是："黄西，你怎么就不喊呢？"

据我所知，在美国脱口秀几十年的历史里，没有几个人是靠喊红起来的，因为只要一喊，大家的注意力就全在你的嗓音上了，对内容的关注就会降低。"有理不在声高"，说笑话也是同样的道理，"好笑不在声高"。

随着观众素养的提高，大家越来越希望听到一些有质量有内容的笑话，脱口秀就是一个很好的形式，它试图将肢体表演的部分减到最少，而让观众更注意笑话的内容，于是，那些充满智慧的笑话也就建立了优势。在近几年流行起来的脱口秀综艺节目，比如《脱口秀大会》里，编剧给演员们写的段子大多更睿智和更高级了，需要观众稍微琢磨一下。

比如何广智的理发段子："长得不好看的人被剃了一个不好看的发型时，是不太敢怪罪理发师的，因为你知道你自己也有责任。我刚开始跟理发师沟通该怎么剪，剪着剪着我们俩就都沉默了。我盯着镜子里我的头发，他盯着他的手艺，我们俩都没有说话，但这时候我们俩脑海里飘过同一句话，就是'这也不能全赖他！'"

分析了这么多，接下来我要说到重点了。既然人人都爱听聪明的笑话，那么像我们这种自信心不足的人要怎样才能说出充满智慧的笑话呢?

方法一:学会说潜台词。

你要把你的听众当作和你智商一样高甚至比你更高的人,他们会理解你话里的喻意、逻辑和潜台词。大家在脑子里品一品以后笑点就会被引爆。

举个例子:

我曾在美国记者年会上说过这样一个段子:我希望我儿子能学会两种语言,一种是英语,一种是汉语。于是我儿子就问我了:"爸爸,为什么我一定要学会这两种语言呢?"我告诉他:"假如有一天你当上了美国总统,你可以用英语来签署法律条文,再用汉语来和你的债权国谈判。"这个段子明显是有潜台词的,因为当时中国是美国最大的债权国。听的人如果知道这个信息点,自然就会心一笑,同时觉得你的笑话很有智慧。

方法二：控制节奏，注意留白。

我常常觉得，最好的笑话是合作出来的。意思就是，我说一个笑话，只完成了一半，另一半需要观众自己脑补画面。

如果我们把说笑话比作画画，那么，我建议大家尽量不要画那种毛孔毕现、以假乱真的写实画，而要画那种写意留白的中国山水——想办法开启观众的联想能力和反应空间。观众在笑的同时还会获得智力上的满足。

比如张小斐在一个小品里说:"东北是全世界最早吃蔬菜沙拉的地方!"又有道理又好笑,让人脑海里浮现出东北的蘸酱菜和西餐的反差和共性。

方法三:让自己笨一点。

中国有一句古话叫大智若愚，意思是那些看起来笨笨的人往往有大智慧。这话充满哲理，本身就蕴含着智慧，呈现在笑话上，其实就是制造反差。

我的喜剧形象通常是一个木讷、情商很低的理工男，通过我的嘴说出来的那些笨笑话，往往会有出其不意的效果。

举个例子：

我当年报考北大没考上，邻居家的孩子考上了，还给我写信说北大宿舍里竟然有蟑螂。我一听就气坏了："它们是怎么进去的？！"

不通人情、情商很低、直来直往、嘴笨反应慢，这些貌似是笨人的表现，然而从这个角度去说笑话是有优势的，可以去掉无用赘语和小聪明，直击要害，只要精彩，别人就会对你刮目相看。这时木讷就成了你的优点,因为你让他们看到了智慧的光芒。

说来说去,对于能否说出聪明的笑话,其实就只有一条禁忌:千万不要自以为聪明。刻意表现得聪明和智慧,往往就是愚蠢。

好了,这一章就到这儿。下一章,我会教大家另一个幽默的技巧:如何利用共情。

05

第五章

利用共情：
你快乐
所以我快乐

点燃自卑情绪的导火索通常是尴尬。

有时候,我们可能会遇到一些状况:无论我们自认为自己的笑话多好笑,表达得多到位,但对方就是不笑,没 get(领悟)到你的笑点。有时对方还会说:"对不起,我的笑点比较高!"这时场面会相当尴尬,我们更是像个傻子,很可能在一瞬间,就从自信满满跌落到自卑的泥潭里,接下来就彻底不会说话了。

Empathy

对不起我的笑点比较高！

为什么会出现这种情况？很简单,因为你的笑话内容或情感点对方不关心。用心理学的说法就是,你的笑话不具备"共情"。

什么是共情？英文叫empathy,是人本主义创始人罗杰斯提出来的概念,指的是设身处地地对他人的情绪和情感的认知性的觉知、把握与理解。换句话说,就是换位思考或者具备同理心的意思。

共情是一座桥梁,可以用来连接说笑话的人和听笑话的人。

用王菲的一首歌来解释就是:你快乐所以我

快乐。

那么问题来了,什么样的共情才能打中对方的笑点呢?

首先,认知要共情。

每个人都有自己特定的认知,并不是所有笑话大家都觉得好笑。脱口秀里有句话叫作"know your audience",知道你的观众。就是说你一定要知道观众的想法和感受才能逗他们笑。在哪个国家都一样。

比如,男人和女人关注的题材就完全不一样。

我曾说过这样一个段子:世界杯期间大家就不要太努力工作了,因为不管你把自己搞得多辛苦多憔悴,领导都会以为你是看球赛熬的。

这个段子对绝大多数爱好体育、关注足球的男人都是有效的，但很多女同胞 get 不到笑点。她们会问："为什么领导会这样认为？为什么世界杯就不努力工作？不努力工作你怎么养家？我们全家都去喝西北风吗？我当初真是瞎了眼……"

遇到这种情况怎么办？赶紧道歉呗。因为我们犯了认知错误，在说段子的时候没有利用共情。

通常女人会对什么认知度比较高？孩子、美容、购物……比如这个段子：女人最喜欢做的事情并不是去商场购物，而是购完物之后上淘宝搜一下看自己有没有买亏。

不同性别，不同年龄，不同受教育程度，不同身份，不同地域，不同国籍，共情的认知内容都不一样。

其次，情感要共情。

共情最需要的,是戳中情感、找准情绪——所谓共情,"情"字是关键。

人与人之间,通常都是靠情感联系的,比如亲情、友情、爱情、师生情等,当你的笑话与对方渴望或正在经历的情感相吻合时,这个笑话的作用会发挥到最大。

比如,对于热恋中的女人,男朋友给她讲什么烂段子她都会笑得前仰后合,就是因为情感在。热恋阶段过后,男友讲烂段子她也会笑,但得做出比较大的努力。

我以前热恋的时候,和女朋友散步。走着走着,她突然问我:"黄西,你要是爱上其他女孩怎么办呢?"我说:"不可能,因为在我们搞生物化学的人的眼睛里,所有女人都是碳水化合物。"挺一般的段子,她当时笑得很厉害,后来一段时间关系稍微降温后，她开始问:"女人化学成分都一样,你为什么爱我?"我说:"因为那个时候我说什么你都笑!"

在陌生人或同事面前讲笑话就得先把"情"建立得妥妥的。比如到了情人节,那些单身人士的自嘲段子就很受欢迎。

例如:每逢情人节,我都自带隐身功能,走在街上,那些卖玫瑰花的都对我视而不见。

最后,三观要共情。

无论是否成熟,每个人都有自己的三观。而三观是共情里面最重要的。题材是对方很关心的,情感是对方能感同身受的,但三观不契合,你的笑话就等于在对牛弹琴,搞不好还会吵起来。

举个例子,对家庭暴力的零容忍,就属于三观问题。

前段时间,某明星涉嫌家庭暴力,有朋友出来站队支持,结果招来了网友的口诛笔伐。而另一方面,依然有该明星的死忠粉在评论里留言,说什么"一个巴掌是拍不响的""女方也有责任"等,这就是典型的三观不正,属于"打击受害者"。如果你的段子也恰好站在这种角度,即便再好笑也无人能笑得出来。

最近还有"女德"培训班,女德讲师公开说女性遭受家暴的时候应该逆来顺受,提倡女人挨揍"积德治病"。我说这位女德讲师病得不轻,想治的话,大部分女士都会帮忙的。很多人在下面鼓掌。

还有明星违法、偷税漏税、道德败坏、破坏环境、伤害动物等,这些大是大非的问题,一定要站稳立场,千万不要站在对立面说笑,那就不共情,而且伤情了。

说了这么多共情的重要性，那么，怎样才能在实际社交中利用共情来说笑话呢？

第一，先潜水，再冒头。

说笑话很重要的一点是考验耐心，一定要把心中那股急于表现的表达欲压下去，听听别人在说什么，注意他的内容，观察他的情绪，然后暗暗分析，找准共情点，再开始说笑话。

请原谅我把说笑话搞得像打仗，但实际上，如果想要段子达到最佳效果，就必须如此。

比如相亲，很多男孩见到心仪的女孩，恨不得立马表现出自己的幽默，不断说着不知道从哪儿听来的网络笑话，结果饭吃到一半，女孩就有急事先走了，留下一个空手机号和账单。

滚蛋吧自卑：送给每一个自卑内向、自我怀疑，又渴望表达的你

你好

先别着急，听听对方说什么，再有针对性地去表达。在搞清楚对方的职业、爱好、身世背景和三观之前，我建议你只说三句话：

你好。
喜欢吃什么随便点。
还需要加点什么菜吗？

喜欢吃什么
随便点

还需要加点什么菜吗!

当然,也有例外。我有一个朋友,人很幽默。有一次参加相亲节目,他想得挺好:先听女孩们说,等发现她们的喜好之后再投其所好,展现自己的幽默感。可悲的是,他刚一上台,还没来得及展现自己的幽默感,灯就全灭了。相亲节目看长相,长得一般还得走线下相亲和地面搭讪之路。

第二,给自己三次试错的机会。

说笑话有利有弊,说得好自然好,说得不好,自信心特别容易受到打击,甚至第一轮不行,后面就彻底蔫了。

我的建议是，给自己三次试错的机会，也就是三次找到共情点的机会。要学会做打不死的小强。我的做事原则就是先问自己两个问题：第一，这么做犯法吗？第二，这么做会要我的命吗？如果两个问题的答案都是"不"的话就应该去试试，去试错。试错有个好处：即使证明自己是错的，你也达到目的了。

其实很多脱口秀演员在台上一个段子接一个段子地讲，都是在不同场地、不同的观众面前反复试过的。脱口秀演员也经常给自己三次机会：一个自己喜欢的段子在不同场合讲三次才能决定是否放弃。我在莱特曼秀上讲的段子，其中有一个在第一次讲的时候也毫无回应。但我就是喜欢那个段子，在其他地方又试，观众笑了。在电视上讲的时候，现场观众的掌声非常热烈。这是一个关于婚姻的段子：美国的离婚率有50%，所以我在那儿结婚特别担心——"天啊，有一半儿的婚姻会白头到老啊！"其实这和中国把婚姻比喻成围城——"在外面的想进来，在里面的想出去"很相似，但感情的成分更多一些。

记住，如果尝试了三次都无法共情，就放弃吧。你再说下去，只会越来越糟糕。

第三，真诚至上。

如果你实在不知道怎么共情，听我的，把真诚摆在第一位。笑话不好笑不是最可怕的，最可怕的是虚情假意地说笑。

没错，我认为好的笑话也是需要情感支撑的，这也是我们提出共情这个概念的原因。

怎么真诚地说笑话呢？

很简单,说发生在自己身上的糗事,用最真实的情感去表达。比如:

我最受不了的就是北京的夏天,40摄氏度的气温下还要戴雾霾口罩。当然,没有雾霾我也戴口罩——我好歹是个主持人,不戴口罩还没被人认出来是件挺尴尬的事。

有一次,一个路人认出了我,老远走过来说:"我发现你长得特别像黄西。"我正想着怎么回答呢,他补了一句,"我不是那个意思啊!"

记住,真诚就是最好的共情,也是最好的脱口秀风格。

说到底,共情是一种能力,如果你想说好笑话,甚至做一个优秀的沟通者,就要学会、掌握并且能熟练运用这种能力。

除此之外,还有什么其他的幽默沟通技巧,能帮我们摆脱自卑呢?请看下一章,创造意外。

06

第六章

创造意外：
创作笑话就像
是在写悬疑小说

一个没有意外包袱底的笑话是不成立的,也没有人想听。

而那些已经泄底的笑话很难再把人逗笑——我们都见过一边笑得前仰后合一边给你讲段子,最后忘了包袱是什么的朋友。

对于那些试图用幽默来打破自卑的人来说,没有意外包袱底的笑话简直就是一部微缩的灾难片——别人很可能一点反应都没有,反而会使你更加自卑。

所以笑话要有包袱,包袱要意外,要反转,要既在情理之中,也在意料之外。这基本上可以作为一个笑话的硬指标。

从这个角度看,创作笑话有点像是在写精短的悬疑小说:制造悬念,抛出包袱。唯一的差别是,笑话的目的是让观众获得意料之外的大笑享受而非其他。

为什么观众会对笑话中的意外那么着迷呢？我们可以试着分析一下。

第一，只有意外才满足听笑话者的期待感。

要知道，当你在说一个笑话时，听者就对它产生了期待，期待听到一个出乎意料的包袱。如果没有满足这种期待，他就会失望。

举个很简单的例子。

我们每年除夕夜都要看春晚，其中最受欢迎的多是语言类节目。我们通常都是带着期待去等那些喜剧明星登场，因为他们说笑话就是为了把我们逗乐。没有人会说："哦，等下沈腾出场了，我准备好大哭一场了。"这样想的人，我建议去看一下心理医生。

等到小品演完，一点意外的笑料也没有，大家就会纷纷吐槽——这已经成了惯例。不过今年的春晚大家还是一定要看的，为什么呢？因为今年一定会比明年的好。

有时候我出去遇到一些人，说了几句，他就不耐烦了："黄西，感觉你现实中说话挺正常的，一点也不可乐啊？"

这说明什么？说明他把我定义为说笑话的人，对我怀有期待，因为我太正常了，没有给他意外的笑料，所以他失望了。

今年一定
会比明年
的好

一点也不可乐啊

我开始做脱口秀的时候,也曾经因为这个很怀疑自己。其他美国脱口秀演员有爱喝酒的、爱抽雪茄的、留长发的、婚姻状况混乱的等等,他们各有特色,一上台就让人想笑。我甚至觉得我不成功是因为我太正常了。

第二,喜悦常常来源于意外。

如果一件事情很早就知道了结果,哪怕它本身是件喜事,那种愉悦感也会逐渐减弱。

比如,给太太送花是好事,可以让她开心。但如果你在情人节、妇女节、青年节、生日、结婚纪念日、母亲节、圣诞节、元旦、春节、元宵节的时候都给太太送花,过段时间她就开始讨厌花了。然后我就给她发红包，一开始她也很高兴。我给她520，然后1314，过一段时间她也烦了，说："你能不能把一句话连起来说完呢？！"

反而那种从不知道的、没有任何预兆的意外之喜，能让一个人的喜悦之情短时间内达到顶点。这就是我们常常说的惊喜。

在英语中，surprise，既有意外的意思，也有惊喜的意思。惊，就是意外。比如，我们给孩子送礼物，都需要一个包装盒，孩子在不知道盒子里是什么的情况下，充满期待地拆开包装盒，得到一个意想不到的礼物，满脸都是惊喜。如果孩子不喜欢礼物，还有可能喜欢包装盒。

再举个例子，妻子十月怀胎，由于我们不知道孩子会是男孩还是女孩，等待孩子出生，同样能产生惊喜的效果。

还有一件最需要惊喜的事是求婚。你绝对不能事先和她计划好:"亲爱的,下个月 12 号中午 12 点我在商场向你求婚,怎么样?"她可能当时就会给你答案:"No!"

其实,说笑话也可以看作给别人的带有包装盒的礼物。

第三,意外是战胜听众的唯一办法。

在某种意义上,说笑话的其实是在与听众比拼智力,其过程就是看你能不能利用自己的智商制造出意外来引人发笑。你拼不过他,就输了,这就是一个失败的笑话,反之算成功。

所以,我们必须得创造意外,才能赢得这场智力之战。

我刚到美国脱口秀俱乐部演出的时候，偶尔也会碰到那种挑事儿的观众。有个新手脱口秀演员在台上表演的时候，台下一个醉鬼抖包袱，而且和演员想抖的一样！把台上的演员搞得特别尴尬。但这个醉鬼倒也给演出添了彩，因为那个演员的包袱实在是太容易猜到了，一点意外感都没有，根本听不下去。

话说回来，讲笑话的人一般应该自信，毕竟比别人准备得要充分，而且观众一般不爱也不敢接话。但也有例外。我在曲艺之乡天津演出的时候，有几个观众很爱接话，就想看看他们能不能把我的包袱提前抖出来。他们接了5分钟没有一个接准之后也就不接了。之后的演出非常顺利。

举这些例子就是想说明一个道理：出乎意料的包袱底是段子最值钱的部分，而被揭了底的段子一文不值。

既然"意外"这么关键,几乎是检验一个笑话成败的因素,那究竟如何制造呢?我希望下面这些方法可以帮助到你:

首先,耐心铺垫。

就像悬疑小说一样,好的意外都需要好的悬念做支撑。我们得先把听众的胃口吊起来,把包袱皮儿做厚一点,扎实一点,耐心铺垫,这样后面的翻转才会显得有力量。

举个例子:

我前段时间看见一个新闻:一位新娘上厕所被迎亲车队弄丢,穿着婚纱在高速路上徒步。据说一个单身汉正好开车路过,他前一秒还在祈祷老天赐一个老婆，一抬头就看到了一个新娘。

前面的是铺垫，属于比较有意思的社会新闻，听的人会被吸引住，想知道这个新娘后来怎么样了。结果我们不按套路出牌，把点落在了一个正好经过的单身汉身上，产生意外的效果而引发笑意。

大家有兴趣可以多看看中国传统相声，尤其那些经典的单口，都是铺垫得很深，突然结尾来一个大包袱，给人意外惊喜。

其次，降低听者的期待。

根本不相信！

　　这点和前面那条正好相反。前面是说要吊起听者的胃口，让他们充满期待，但结尾在他的意料之外；而降低听者的期待，则是要让他们对你期望值不高，而你讲出惊艳的笑话，就能超出他们的期待，赢得笑声。

　　这一点我是深有体会的。

　　在美国刚上台的时候，当地的观众根本不相信我一个黄种人也能说脱口秀。在他们眼里，中国人是缺乏幽默感的，尤其我这样的理工男，长得又木讷，他们的期待值就更低了。我之前也说过，连我自己

我 不 但 行

都觉得我太正常了，没有特点，加上脱口秀在美国有着很悠久的传统，当时很多人觉得我肯定不行。

事实证明，我不但行，还站在了白宫记者年会这样的主流脱口秀舞台上。这种低期待、高意外的情况是笑话的成功法宝之一。

再次，不讲过时的段子。

这里的"过时"差不多包括两方面：一是时间上的过时；二是内容上的过时。

时间上的过时很好理解，就是不讲老段子。

我们在生活中经常会遇到这样的人，逮住你偏要给你说个笑话，一听，我们会说："哦，我上次听到这个笑话的时候，大清还没亡呢。"遇到这样的情况，说笑话的人要多尴尬有多尴尬。

其实这也不能怪他，也许这个笑话他的确是刚听到，觉得好笑要分享给大家，但笑话本身确实是老掉牙的。因此，如果你想让自己的笑话不被人说老，就应该多看笑话，看得多了，自然就知道哪些是新段子，哪些是老段子。最关键的是要把自己的经历讲成段子，而不是讲网上别人可能听过的段子。

还站在了白宫
记者年会上

至于不讲内容过时的笑话，就需要有一颗敏锐的心了。

我的建议是，与时事有关的段子，一定不要讲三个月以前的；如果是流行语，这个存活期不超过三天。现在网络信息更迭非常快，要么你就彻底不理，专注讲人之常情的笑话，要么你就时刻关注，争取不要落伍。

直到现在，还经常有人在微博上说"我伙呆"（意思是"我和小伙伴们都惊呆了"）之类的流行语，这就是典型的拿无趣当有趣了。

多关心时事新闻，但别把它当成任务，应该当成一种乐趣：既能丰富自己的生活，还能让自己与时俱进地幽默。当然，也有很多新闻太负能量了，在这种情况下，幽默其实还是一种保护自己的办法。找到槽点以后，你会和负能量拉开距离，和朋友及同事拉近距离。

比如，学校毒跑道事件是非常让人沮丧无奈的，今年又有新规定：所有塑胶跑道都必须做到即使放到嘴里嚼，也不会对身体有害。我说："什么时候食品也能达到这个标准就好了。"这种段子既不过时，又有足够的意外。

最后，利用逆向思维。

创造意外的本质就是与听者的思维逆向而行。他以为你往哪个方向走，你偏要逆着来，在生活中，你可能被人骂大逆不道，但在笑话中，恭喜，你已经入门了。

举个例子：

"我最近在写一本书，书中的主人公高大、英俊，还很有钱。这是一本自传。"

听前面，观众还以为我在写一本小说，因为这本书里提到的主人公与我本人的形象相差太远。但我在结尾突然说道这是一本自传。这种利用逆向思维制造的意外感，便容易引人发笑。

还有一个例子：

"我不相信星座。我相信人应该是自己命运的主宰者。水瓶座的人都这么想。"

这个段子也是到了最后有一个逆向思维的反转包袱。

利用逆向思维说起来容易，做起来难，需要大量的练习才行。但一旦你在说段子时已经有了一颗"逆反"的心，就至少走出了最关键的第一步。

小结一下，创造意外的办法有耐心铺垫、降低期待、不讲过时的段子、利用逆向思维。

大家听了之后是否有收获？没有收获也没办法，因为我打算讲下一章了。下一章我将讲的是另一种幽默的手法：妙用夸张。

07

第七章

妙用夸张：
小强啊，
你死得好惨

滚蛋吧自卑：送给每一个自卑内向、自我怀疑，又渴望表达的你

夸张

幽默的最高境界当然是不动声色就能博得满堂彩。

但有的时候，过于平淡的说笑方式不一定能起到作用，而且根据具体的环境、对象和内容，表演方式也会有所不同。有的时候只需不动声色就能笑倒一片，有的时候则需用稍显夸张的方式，放大音量，才能赢得欢呼和掌声。

看起来很苦

却必须要喝下去的灵丹妙药!

这里有一个非常明显的问题:夸张对于我们这些自卑的人来说,实在是太难了,就算是在脖子上架一把刀,很多人也喊不出来。但对自卑的人来说:

学会夸张去幽默,是一服看起来很苦,却必须要喝下去的灵丹妙药。

为什么这么说?

第一,夸张是一种实现自我的突破方式。

对于自卑的人来说,最大的困难并不是能不能说好一个笑话,而是敢不敢当众说笑话。这里面有个心理门槛,很多人始终在门里面徘徊,不敢表现自己，结果越来越封闭，直至最后关上了门。而一旦敢把脚迈出去，哪怕表现不好，他也依然算是成功了，因为他突破了自我的防线，见识到了外面的美好世界，下一次就能做得更好。

而对于一个试图从自己内心的黑屋里走出来的人来说，夸张可能是最勇敢的方式。

举个例子：

演员金·凯瑞，演过《变相怪杰》《阿呆和阿瓜》《楚门的世界》等很多经典喜剧电影。他的表演风格是很夸张的。但据我所知，他私底下其实是个很内向的人，甚至曾患有严重的抑郁症。据说他小时候父亲经商破产，家庭经济条件很不好，而母亲又身患重病，长期卧床，他常常模仿各种夸张的动作和面部表情来逗母亲开心。这种勇敢而温情的喜剧方式后来一直延续在他的整个演艺生涯，使他成为一代喜剧大师。

他为了爱而突破自我去夸张表演,这种夸张在我看来是最勇敢的行为。

第二,夸张是吸引注意的好办法。

从表演的层面来说,吸引注意是所有一切的基础。如果根本没人看到你,笑话再精彩也毫无价值。

作为一名自卑达人,我在这方面是深有体会的。读大学时,我因为自卑不敢表现,每次集体活动都默默缩在角落里,拍集体照也是站在最后一排,没人关注我,也没人欣赏我。其实到现在,我还是这样,在我自己主持的节目合影里,我通常也站在边缘,但这是后话。当时的我为了改变自己,在系里的文艺汇演中报名了一个小品。

在那个小品中,我的表演极为夸张,以现在的标准来看是不合格的,在当时却受到了台下很多人的鼓掌欢呼。我后来想了想,也许大家欢呼不是因为小品有多好,而是我出乎了他们的意料,给了他们惊喜。他们从没想过,像黄西这样的人也会表演得这么夸张。我的夸张成功吸引了他们的注意,甚至触动了他们。

再举个例子,在一些聚会上,最受关注的永远是那些最放得开、表现最过火、最夸张的人,暂时撇开那些负面的因素,最起码他们吸引了目光,至于能不能把关注度转化为赞赏,那是另外一个层面探讨的内容,我们后面会讲。

我们经常会看到一些孩子的夸张行为,从心理学的角度来说,通常都是为了吸引父母注意。所以反过来说,我们也应该体谅那些行为夸张的人,就当他们是一群需要关注的孩子。

第三，夸张便于记忆。

学术上说，记忆是人脑对经验或事物的识记、保持、再现或再认，是进行思维、想象等高级心理活动的基础。然而，我们所有人都知道，随着年龄的增长，记事越来越难，需要借助一些技巧和办法——除了刻骨铭心的事。夸张，就是一个便于记忆的方式。

举个例子，我们学生物化学的，都要背元素周期表，但它太难背了，于是我们想出了一个办法，把元素周期表编成了一首歌，总算用这种夸张的方式记住了。

这种例子还有很多，比如乘法口诀、中国历史朝代歌，都是在借用夸张来记忆。

那么，对于自卑者，夸张的记忆又有什么用呢？

很简单,当我们把一件事情、一个笑话、一首歌、一个观点烂熟于心的时候,就已经打好了自信的基础。

听我说了这么多,可能还是有人不喜欢夸张,觉得夸张就是浮夸和虚荣的代名词,怎么看都不顺眼。我认为那是因为夸张没用好。

低级的夸张的确会令人反感,而精妙的夸张却是一项强大的武器。

到今天,没有人会指摘卓别林的表演浮夸,也没有人会贬低周星驰的招牌大笑,憨豆、赵本山、王宝强等,都用自己夸张的表演方式赢得了世人的喜爱和尊重。

那要怎么样才能妙用夸张呢?

首先,别怕丢脸。

夸张的表演对人的挑战极大,但凡你还有一点羞耻心,害怕丢脸,我都劝你想清楚。舞台上有一条定律:越是放不开,表演越难看。所以,那些学表演专业的,进入校园的第一节课就是解放天性,让大家模拟动物,完全放弃自我,才有可能重塑自我。

当然,咱们说个笑话没必要这么极端,但道理差不多。只要突破了第一步,别怕丢脸,那么你就有了夸张的心理本钱。

有这么一个段子:艺考期间,有一位考生突然情绪失控,又是哭又是闹,最后还跳到了监考老师的桌子上。事后,该考生以专业课第一的成绩考取了该艺术学院表演系。

丢脸有几个要素：

1. 丢脸要趁早。这样可以尝试不同的丢脸形式，看哪个效果最好、自己也最满意。

2. 什么时候都不晚。任何时候的自我突变都是让你获得新生的最佳办法。

3. 丢脸要投入。否则你很难得出正确的结论：是形式不好，还是努力不够？现在大家都尊重敢于丢脸的人，但会嘲笑哆哆嗦嗦丢脸的人。

其次，让别人知道你在表演。

每个人对其他人都是有预期的，如果你平时不是一个很开朗的人，突然变得很夸张，别人会觉得你很奇怪，是不是受了什么刺激？

但如果别人知道你是在表演就不一样了。就像我前面说的演小品的经历一样，如果你的夸张明显含有表演成分，而且对方也很清楚你是在表演，那么，他就会带着一种观看表演的心态来看待你，就像面对一位演员，只会对你演得好不好做出评价，而不会涉及人格和精神层面。

比如，你可以试试这样开始："我今天碰到一件特别有意思的事情……"一旦你这样开场，接下来说的所有夸张的话，做的所有夸张表演，大家都会在心理上认可你是在表演，接受起来就很容易了。

这一点和演员不一样。很多影视剧里的演员最大的毛病是让人一看就是在表演。但对大多数普通人来讲，让人家知道你在表演，或至少暗示你在表演会更好。

有了以上两点心理上的准备，接下来就要讲把夸张表演好的技巧了。

技巧一：多用反差大的类比。

夸张就要夸得"离谱"，让人感到不可能到好笑的地步才好笑。我在《是真的吗？》节目中讲过一个类似的段子。一个朋友来电话："我最近买了个房子，真的很大。真的很大。"我说："你不用重复，第一遍的时候我就听到了。"他说："我没重复，那是回音。那是回音。"

　　我在美国脱口秀节目中的开场话经常是："大家好，我是个爱尔兰人。"这是一种夸张：一看我就是中国人，怎么可能是爱尔兰人？！但美国人一听就觉得好笑，因为很多美国人起初都来自爱尔兰。历史上因为爱尔兰长期贫穷，甚至在美国好长一段时间不被认为是白人（好笑吧？但这不是段子）。后来爱尔兰人在美国混得好了，后裔发迹甚至当了总统。所以很多爱尔兰后裔骨子里有个自豪感，上台就自我介绍说我是爱尔兰人。我索性就连夸张带模仿："我是个爱尔兰人。"

技巧二：多用模仿。

模仿秀是最夸张也是最容易引人发笑的方式之一。以前有很多明星，尤其是那些专上综艺节目的艺人，基本上都会一点模仿表演，学周杰伦，学杨坤，学刘欢，学张宇，尤其是学在场的嘉宾的时候，每次都会引人发笑。只要抓住某人的某个特点，去练习模仿，表演得成功，就会成为活跃气氛的法宝。我在国内做脱口秀的一大优势就是能够模仿一些中国名人，而在美国模仿美国人难度极高。

技巧三：见好就收。

夸张的方式不能一直用，尤其是在现实中给朋友说笑话，你总是以一种夸张而亢奋的方式表达，即便再好笑，大家也会觉得和你交流是一件很累的事。

然后，无论怎么夸张，都应该掌握一个度，不要过火，否则难免物极必反。

最后，需要说明的是，最好的夸张是需要带着善意的。

不管怎样，只要你的动机是好的，无论你的段子多夸张，对方都会感受到你的善意，知道你这么努力地改变自己，无非是想让他开心，他自然就会接受你这种夸张的方式。而一旦接受了夸张，你的笑话就有机会产生效果，否则就一切免谈。

举个例子，你的女朋友今天在公司受了委屈，心情不好，你也许会想尽办法逗她开心，又是做鬼脸，又是搞怪说笑话，如果她能感受到你的心意，恰好又被你逗乐了，你的夸张就有了价值。

幽默的最终目的是给他人带去欢乐，进而让他人接受自己，而夸张只是手段之一罢了。

08

第八章
即兴现挂:
你的发型好像特朗普

平时不善言辞的自卑者能那么准确地去表达幽默吗？

可能之前想得好好的，到了现场却因为紧张，一下子全忘了；可能因为嘴笨，把握不了时机，根本找不准空当去表达；可能因为人微言轻，说的笑话根本没人理睬……

理论到了实际应用阶段，总会遇到一些问题，甚至有可能会让人更加自卑，怎么办？这里我再教大家一招，可以让你的幽默迅速被人关注，并且接受：

<u>即兴现挂。</u>这个词在英语里叫 ad lib 或 crowd work。简单地说，就是通过开在场的人或者热点的人和事的玩笑，来拉近与交谈对象的距离。

这是脱口秀中非常重要的技巧之一,在舞台剧、剧场相声中也经常能看到,其本质是一种互动。

这种互动式的沟通技巧为什么有效呢?

第一,它能让你与对方迅速产生联系。

说笑话的人最怕的是什么?不好笑。为什么会不好笑?很多时候,不是因为段子本身。它可能是一个结构完整、意外突出、笑料充实的段子,但你说完,对方就是不笑,其中最大的原因是这个笑话跟对方没关系。

如果你直接开与对方有关的玩笑,就不仅能使说与听两者之间产生关系,还能瞬间把对方拉进笑话当中,进而产生喜剧效果。

冯巩来了

沟通的本质就是解决人与人之间的关系。而幽默是轻巧而有效的武器。

举个例子：

我们每年都看春晚，冯巩每次上台，都会对观众说同样一句话："我想死你们啦。"每次都会收获掌声雷动。

为什么？冯巩真的想死大家了吗？也许吧，但在我看来，他是通过这样的方式与观众互动，产生关系，让观众成为自己表演的一部分，于是大家身在其中，觉得跟自己有关，自然会给予掌声了。

脱口秀表演也是如此。在上海演出时，我会有针对性地说些与上海观众有关的笑话，开始就说我从小就看《上海滩》，再唱几句《上海滩》的主题曲，然后说："所以我从小到大一直以为上海人讲粤语。"

第二，可以让对方卸下防备。

人与人在交往之初都是心存防备的。中国古话说："害人之心不可有，防人之心不可无。"在搞清楚对方究竟什么来头之前，大家都会小心地防备，这是很正常的现象。

心理学有个概念叫作"心理防御机制"，意思是对那些让我们容易紧张或者容易挫败的人和事产生防备，这其实是一种自我保护。

而在我看来，好的玩笑是一把打开对方心门的钥匙。

在日常交往中，那些喜欢开玩笑的人往往更受欢迎，因为这些人更容易获得他人的好感，给人一种轻松的好说话的感觉。

英语里面有个说法叫作 ice breaker（打破僵局），刚见面的时候说一个小笑话，让交谈开始。我在美国实验室工作的时候，有一些中国人来美国参观，大家都很拘谨。我就说："大家好，我是黄西，黄瓜的黄，西瓜的西。"很简单的自我介绍,却让大家马上放轻松了。

想现挂,但想不起来段子怎么办?你可以脸皮厚一些,说:"大家觉不觉得现在应该讲个笑话开心一下啊?但是我没段子。"

当然,玩笑不得体,效果就会截然相反。

第三,可以给对方提供有精准画面想象的人物形象。

当一件有趣或者出糗的事情,恰好发生在我们认识的人或者干脆就发生在我们自己身上时,哪怕这个段子本身并没那么好笑,大家也会笑得前俯后仰。

为什么?因为我们为段子提供了有精准画面想象的人物形象。

《笑林广记》里有一个段子：

一匠人装门闩，误装门外，主人骂为"瞎贼"。匠答曰："你便瞎贼！"主怒曰："我如何倒瞎？"匠曰："你若有眼，便不来请我这样匠人。"

再说一个我自己的段子：

我的脱口秀俱乐部有个青年演员叫四季。他开场之后，我上台说："四季招女孩喜欢。有段时间他交了两个女朋友，还在微信上管两个人都叫小心肝。我说这对错不说，万一搞混了怎么办。他说：'没事，我有备注。'我一看备注果然不一样。一个叫甲肝，另一个叫乙肝。"这个段子现场效果很好，因为大家刚刚在舞台上见过四季，认识他了。

《笑林广记》里的段子有经典的笑话结构，但因为年代太过久远,而且跟我们本身没有关系,未必有那么好笑;后一个我自己的段子,因为涉及了具体的人,我们在听的时候,就会脑补那个人物的形象和画面,也就会觉得更好笑一些。

分析完了即兴现挂在幽默沟通中的价值,接下来我们同样要面临问题:究竟怎么才能做到?这招听起来可比之前的招数都要难。

关键词一:勇气。

说实话,对我们这些自卑的人来说,当众说笑话就挺需要勇气的,更别说拿别人开涮、砸挂,简直都可以开唱梁静茹的《勇气》了。

但是,没办法,必须得突破这一关。勇气是开挂的基础，否则一切免谈。千万不要怕得罪人，怕别人会生气。如果你的笑话真的有意思，对方是不会生气的。如果对方因为你善意的玩笑而生气，那说明他是一个气量小的人，你们也玩不到一块儿去，趁早看清，也是一个不错的收获。

关键词二：吐槽。

我当年在美国白宫记者年会上说脱口秀，拿当时的美国副总统拜登开涮了几次，他自己也乐得哈哈大笑，颇有优秀政治家的风采。没有人说我不懂礼貌或者太过分，也没有人说拜登太傻，被一个中国小伙子拿来开涮。总的来说，如果你的段子足够优秀，对于说和听双方来讲，其实是一件双赢的事情。但也有一位新上任的州长，在我开了一个关于他想毙掉医药改革法案的玩笑之后,绕着我走开了。他太太倒是挺开心地跟我聊了一会儿。

现在很流行吐槽,一方面可以发泄心中的不满,另一方面,这种形式本身就具有喜剧效果。

但在社交现场,我们吐槽的对象通常不是名人,怎么办?把吐槽对象与大家都认识或知道的人,或者最近的热点事件挂钩。这种现挂的方式也是非常能引起大家共鸣并使大家发声的。

美国前总统特朗普,他的发型比较特别,像戴了个帽子,风一刮还摆来摆去的。如果我们去见朋友,而那朋友最近恰好也有个类似的发型,我们就可以拿他开涮:"哟,你的发型好像特朗普啊。"特朗普在大家眼中有很清晰的形象,一进行对比,脑海中有了形象,就会觉得好笑。

还有，2018年有几位大师去世，包括金庸这样的人物，一提起来，所有人都知道。我们可以说与之有关的段子，比如某一版本的电视剧改编以及小说中的人物，比如扫地僧、宋兵乙、神仙姐姐等标志性的符号，都很适合拿来做梗。

关键词三：夸奖。

段子有个特点，它几乎都是明贬暗褒，或明褒暗贬的。也就是说，表面上看是在调侃对方，开他玩笑，实际上是在夸他；或者表面是在夸他，实际是贬义。比如我调侃拜登的段子："我今天很荣幸见到副总统拜登，我读过您的自传，今天看到您本人。我感觉书比人好多了。"开始是夸他，说自己对他的敬仰，然后是贬。李诞在吐槽郎朗的时候说："郎朗的手价值一亿，请他来我们节目的时候，我说，这样，你这次来，能不能别带手？他非要带！什么人出门非要带手？！"这就是明贬暗褒的一个例子，有起伏有转折有笑点。

当然前两条吐槽和夸奖也可以是针对自己的。只要好玩就行。

关键词四：应景。

社交场合里，大家都在一个空间，分享同一段时间。那里发生的一切大家都看在眼里。如果你能够就现场发生的事情说一两句，效果会非常好。这在英语里面叫"address the elephant in the room"，如果屋里突然进来一只大象，你应该提

勇气、夸奖、吐槽、应景

一下它,要不然大家都不自在。有一次在上海演出,有两名第一排的观众因为座位发生争执,我就说:"后面的观众朋友听不到,工作人员给他们递个麦克风过来吧!"大家笑了,两个人也不好意思再吵了。

再举一个例子。有一次,我带孩子参观学校,教导主任说他们学校特别注重培养孩子的关爱精神,时常组织学生去养老院陪老人打牌。我说:"这个学校很不错,不仅让孩子为考大学做准备,还让孩子提前适应退休生活。"这不是个特别牛的包袱,但是因为应景,大家笑得很厉害。

总结一下，学会即兴现挂的四个关键词是：勇气、夸奖、吐槽、应景。重复一遍，即兴现挂的本质就是与人互动。当我们真正学会轻松地与人互动，谈话场就建立起来了，这个时候，自卑感将不再困扰你。

即兴现挂的本质
就是与人互动

09

第九章

有备无患：
我是
中华段子宝库

作为一名自卑达人,我曾经非常羡慕那些张嘴就是段子的人。他们总让我觉得,幽默感这种东西真是天生的,像我这么自卑木讷的人这辈子就与幽默无缘了。

但是后来,当我真正开始接触写段子,亲自上台说脱口秀之后,我才发现:原来那些满嘴飞段子的人并不是天生具有幽默与才华,而是做了大量准备。他们只是根据实际状况,从自己的段子库里随手拿出来一条用用而已。

以我自己为例。我也有自己的段子库,里面存了成千上万条段子。而我的脑袋就像 KTV 里的一台

实话告诉你
什么场
都有可能冷

见人说人话
见鬼说鬼话

点唱机，里面的段子类型丰富，适合各种人群和场合，并且我每天还会创作新的段子加进去。

那么，在脑海中特意开一个储藏柜用来存放段子，究竟有什么好处呢？

首先，让我们在各种场合下有话可说，不至于冷场。

什么场会冷？实话告诉你，什么场都有可能冷。我就有冷场的时候，甚至我一个人冷下来，接下来好几个人一起冷。所以，针对各种场合的段子储备的重要性就显现出来了。

之前我们讲过"现挂"和"应景"的幽默方式，这两者的确可以调节冷场，比如说："哇，感觉现场好尴尬啊！"因为这话应景，大家会笑起来。但是如果大家笑完之后还是没话说，那就更尴尬了。所以最好的解决冷场的方法就是储备段子。

比如，去学校参加孩子的活动，与其他家长待在一起，大家不熟，但又好像必须要说话，怎么办？甩段子。

"昨天孩子在亲戚朋友面前夸自己的父母，结果我太太还是很不高兴。"

这时候对方肯定好奇，问："他说什么了？"

"说我俩有夫妻相。"

随着笑声的出现，气氛很快就会活跃起来。

用适合场合的段子轻松控场，就能收获自信心。

其次，让我们在与不同的人交往时，有的放矢。

中国有句话说，见人说人话，见鬼说鬼话。得改改，应该是，见人说笑话，见鬼说鬼笑话。

比方说，不小心与领导一起乘坐同一部电梯，而你们的公司在五十几楼，中间电梯门还常常被打开，一趟下来差不多要三分钟。怎么办？快翻段子库，看看有没有跟领导有关的段子。

"领导，您看，咱们时间还有的是，不如把例会开了吧。"

然后，可以用来应对一些你不想面对又偏偏躲不过去的尴尬场面。

在某些场合，常常会遇到自己讨厌的人，比如自己的前男友和他的现任，而且躲也躲不掉。

"这位是你妈吧，阿姨您气质真好，什么，弄错了，是你女朋友，不好意思，我这人没眼力见……"

又或者是喜欢问你私事的长辈亲戚。在他们发言之前，咱们可以先发制人。

"大姑，您家儿子这学期期末考试考多少分啊？"

"二姨，您家女儿找男朋友了吗？"

又或者是喜欢说人八卦的同事。

"真是辛苦你了,工作之余还得写故事给我们提供娱乐,不能亏待你,下次我帮你跟老板申请两份工资……"

最后,有备无患是给自己留一条退路。

《左传》曰:"居安思危,思则有备,有备无患。"对于我们这些自卑的人而言,那种前无去路,后无退路,被活活摁在话语场中央的感觉,简直比死还难受。因此,做好充分的准备是非常有必要的。

苏黎世大学心理学教授亚历山德拉·弗利恩德曾经做过一个分析——后备计划(又称B计划)如何影响我们追求目标的方式?他的核心论点是:即使人们不曾使用自己的后备计划,它也会改变人们追求目标的方式。

换句话说,后备计划并不是惰性的:你的锦囊妙计也会影响你使用A计划的方式。这种效应具有正面影响。一个后备计划可能让你更有信心面对艰难的目标。

举个例子,我们打算去面试工作,提前做了很多准备,但又担心冷场或者紧张,就可以准备一些幽默的小段子以备不时之需。这份后备计划很重要,也许你在面试的过程中并不会使用,但因为你有了后备计划,知道自己的退路在哪里,它就很有可能会影响你前面的发挥,让你更自信,甚至更幽默。

既然有备无患这么重要,那么应该怎么样去操作呢?难道还得像面对高考一样,拿本笑话大全不停地背?

完全不需要。我可以教大家几招。

第一,持之以恒地看笑话。

对于专业的段子手,我会建议大家先看两万个经典笑话。但对于一般人,我的建议是每天看二十个。

现在手机上看笑话很方便，微博和微信上也有很多专门从事笑话写作的段子手，大家可以关注他们，每天在上下班的路上，在上厕所的时候，在睡觉前，断断续续地看二十个笑话。笑话很短，而且很通俗，看起来很快，也能给你带来好心情，何乐而不为呢。

一天二十个，一个月就是六百个，一年就累积七八千个段子了。要不了几年，你就成为中华段子宝库了。

大家是不是觉得这个办法很低级？是的。你知道谁用过这个办法吗？美国最伟大的总统之一——林肯。他不管到哪里都带一本笑话书。美国内战非常残酷，林肯不光得应付南方的政客和将军，就连北方的将领、政客，甚至他的太太也经常攻击他，找他的麻烦，管他叫"大猩猩"，说他笨、无能。但是到了一个极其残酷的内战环境里，他的笑话可以舒缓紧张的神经，并且使他在演讲和辩论中谈笑风生。

第二，有针对性地准备笑话。

我们每天要去各种场合，在去之前，我们可以根据要去的地方、要见的人，有针对性地准备一些相关的段子，这样就能做到有备无患。

举个例子：

假如你今天要去相亲，看照片和资料，对方有可能是你心仪的女孩，那么为了讨对方欢心，你就必须得做好准备。对方可能会喜欢哪些方面的段子呢？得实际情况实际分析。

要记住两点：

1. 投其所好。对方喜欢什么，你讲关于什么的段子。比如对方喜欢宠物，你可以讲讲不同地方的狗或猫。

2. 投其所"熟"。如果你不知道对方喜欢什么，你可以聊对方熟悉的东西。比如对方是普通的写字楼白领，你可以准备一些职场、网购、时尚之类的段子。

当然，你也可以干脆准备一些通用的段子，不管对方有什么爱好或背景都会喜欢，比如娱乐八卦、情感等。

准备一些段子可以更好地处理相亲对方对话题不感兴趣的状况。比如两个人聊得不是很投机，但好像还都想聊下去，你可以说："哎呦，我觉我开头开得不太好，我们能重新来吗？"她也许会莞尔一笑。再比如对方觉得无聊先告辞，你可以说："没事。我正好还安排了三场相亲。"

最后，要记住相亲毕竟是在和陌生人交往，有些陌生人是不苟言笑的，你的段子再好笑，对方也只会默默地记住，在心里笑一下。所以如果对方没有大笑，你也别受打击，他／她对你的印象还会是一个有幽默感的人。

第三，偶尔尝试写笑话。

写笑话的目的不是成为段子手——当然如果做得好，也可以以此赚钱谋生——而是去了解笑话的结构。很多笑话的结构都大同小异，我们普通人平时一听，很难听出来，只有自己去写，才会慢慢从中总结出规律来。

懂得笑话的规律，一个好处是，很多笑话你只要看一遍就记住了。这既方便你建立自己的笑话库，也能让你在说段子的时候找到节奏。

还有一个好处就是不容易被"刨梗"——就是别人知道你的包袱先把它抖了。

比如甲乙两人见面：

甲说：我跟你说一个段子啊，我有个朋友想开个火锅店，然后就想学海底捞的服务方式，就去了海底捞打工。昨天我问他火锅店啥时候开业……

乙说：他说不开了，我就在这儿干了，我怎么可以离开我的家人。

感谢救我狗命

甲:你怎么知道?

乙:这是网上的段子。

甲:我还有个朋友,他们去滑雪,结果被困住了,警察救了他们之后,他们就做了一面锦旗送过去,你知道上面写的什么吗?

乙:感谢救我狗命。

甲:你怎么又知道?

乙:这是一则真实的新闻。

甲:我还有个朋友……

乙：你没有朋友吧。

我敢保证，甲在乙面前是要崩溃的。这种事情发生的概率很低，但一旦发生，很让人难堪。所以有一些自己写的段子可以避免这种场面。

第四，用对待考研的态度对待笑话。

笑话在世人眼中是难登大雅之堂的东西，虽然每天都在说，但并没有多少人把它当回事儿。如果你想用段子武装自己，建立自己的段子宝库，就必须要从根本上改变对待笑话的态度。

很多人考过研究生，我也考过，以我的经验，只有真正学习和做过功课的人才有可能考上。笑话也是一样，我们需要有系统的学习方法：

一、从各个渠道尽可能多地收集段子。

网络、书刊，平时大家的生活中——尤其是后面一项。那些来自生活的段子，哪怕包袱没那么硬，也容易引起共鸣，所以是最有效果的。我的经验是随身准备一个小本本，听到有意思的段子就记下来。

二、要学会分类。

我建议大家在电脑上新建一个段子宝库的文件夹，在这个文件夹里，又要分各种小的文件夹，比如校园段子、情感段子、职场段子、婚姻段子等。分得越细，你就会越清晰。

三、关注时事热点，试图从中找到有意思的内容和角度。

时事热点既能刺激你思考，也能让你的段子更有深度。脱口秀中的很多段子都跟时事挂钩。

四、多看好的脱口秀表演。

主要是学习别人在说笑话时的节奏和方式，很多段子写出来不错，讲起来却不行。我们的最终目的是讲笑话，那么观摩别人的脱口秀就很有必要了。

说了这么多，我们再总结一下。要做到有备无患，我们需要：持之以恒地看笑话，有针对性地准备笑话，偶尔尝试去写点笑话，用对待考研的态度对待笑话。无论如何，我们做这些只有一个目的，就是做充分的准备，不给自己感到自卑的机会。

只有一切都在掌握之中，那种患得患失的自卑感才不会冒出头来。

10

第十章

化解尴尬的方法：尴尬点，再尴尬点

我们常常会遇到一些很尴尬的事情。

比如,跟人热情会打招呼,却发现认错了人。跟女孩搭讪,却发现她男朋友就在旁边。和一个外国人说一句英文,他用汉语对你说:"对不起,你说的是哪个省的方言?"

我曾经练过几个月乒乓球。有一天我和小区里一个老大爷打了一下午。我发现他是左撇子,打完之后我恭维了他一句:"我听说左撇子都很聪明,有创造力。"他说:"我不是左撇子,我就是拿你练练左手。"

聊不到一块叫尬聊

跳得不好叫尬舞！

对我们这种比较自卑的人来说，尴尬简直就是噩梦般的存在，往往能瞬间把我们好不容易建立起来的一点点自信心毁于一旦。

我有个朋友叫慢三，也很自卑，写了一本书叫《尴尬时代》，号称要点破这个时代的尴尬，结果呢，书根本卖不动，自己反倒成了一种尴尬，更自卑了。

开个玩笑，其实他的书卖得挺好的。

尴尬的确也是中国当下的话题。比如聊天聊不到一块叫尬聊，跳舞跳得不好叫尬舞，上次我们还听到一对年轻人准备去民政局领证，说是要尬婚一下。

——人生何处不尴尬

> 祝福他们。

尴尬也是我们无法逃避的人生主题。

人生何处不尴尬。

常言说人往高处走。但是我们越长越大,目标却越来越低。小学的时候想长大当国家主席,中学的时候觉得能当个科长也不错,上大学才意识到毕业后能找到工作结婚就不错了。

对未来的期待和未来给你的答案永远令人尴尬。等到成年,尴尬简直可以说是无孔不入。

身经百战
百毒不侵
万事看透

终于活明白了

在爱情上，我爱的人不爱我，爱我的人打着灯笼都找不着，这很尴尬；

在事业上，我的努力别人看不到，上班打会儿游戏立马被领导逮住，这也很尴尬；

在家庭中，父母把你当小孩，媳妇把你当庸才，孩子要的玩具你买不起，他的作业你都不会做，这还是很尴尬。

好不容易，熬过了大半辈子尴尬的袭击，到了晚年，以为身经百战、百毒不侵、万事看透，终于活明白了，结果早上起来一摸裤子，尿床了。每天得戴着助听器、包着成人尿不湿、拄着拐杖才能出门，尴尬吗？简直尴尬到死！

其实说穿了，尴尬的本质就是现实与美好设想不匹配，导致人在没有防备的情况下陷入一种无所适从的境地。

可是，大家有没有想过一个问题：为什么人会产生尴尬的情绪呢？我觉得通常有以下几个原因。

第一，太在意别人对自己的评价。

举个简单的例子，我们在大庭广众之下摔了一跤，会感到很尴尬——如果身边都是陌生人，我们会迅速爬起来，然后开溜，离开目击者的视线；而如果熟人在身边，也许这一摔还会引来嘲笑声，我们顿时会觉得很丢脸，好像在别人眼里成了傻瓜，恨不得躺在地上越缩越小，土遁消失掉；万一再发现朋友用手机录了视频发了朋友圈就更觉得难堪了。

反过来试想一下，如果我们完全不在意别人的看法，还会感到尴尬吗？很可能不会。

比如我儿子，在三岁之前，不小心摔了一跤，他会迅速爬起来，接着朝前走，根本不会觉得有什么尴尬。但如果我这个时候跟他说："你怎么这么笨呢？走路都学不会。"一次两次还好，次数多了，他就慢慢有了意识，认为走路摔跤是一件不好的事情，下次再说，他就会显得很尴尬，像做了错事一样。

当然，有时候被人正面评价和夸奖也会尴尬。就像我有时候出门遇到一些企业老板，他们会说："黄西，你真是脱口秀大师啊。"每次别人这么夸我的时候我都尴尬得不行，连忙否认："别，千万别这么说，很多被称为大师的人已经入土了。你过一段时间再这么称呼我吧。"

第二，内心的秘密被暴露而感到尴尬。

我们每个人的心中都有属于自己的私人领域，一旦暴露，就会觉得非常不自在，很尴尬。

有一个朋友来我家做客，偏要参观一下，从客厅到卧室，再到卫生间，我用什么牌子的洗发水，被子什么颜色，书架上有什么书，药柜里面有什么药都被他看见了。那一刻，我真的觉得太尴尬了，他很容易就能判断出我拉肚子多还是便秘多。我甚至很后悔请他来。临走他还说："这次感觉对你的了解加深了不少。"我只好回敬一句："你回去写篇观后感发给我吧，我也想了解一下自己。"

有意思的是，那些不通人情世故的人反而不怎么容易尴尬。因为他们不在意别人的看法，也无所谓内心被暴露出来。但他们常常给别人制造尴尬。

当然，也不排除是一种策略。我现在看一些综艺节目，上面的选手和嘉宾一个比一个喜欢暴露内心，毫不在意别人的看法，他们是一点也不尴尬，但我看得很尴尬。关键是现在这样反而容易红，美其名曰是一种"真实"。如果不怕尴尬就能红的话，那大街上的疯子可以组成一个豪华明星天团了。

第三，尴尬有时候因他人而起，也就是"共情尴尬"。

被别人发现内心的秘密和隐私我们会尴尬，反过来说，我们不小心发现别人的秘密和隐私，也会觉得尴尬。

比如，我们逛商场，突然看见单位的领导搂着一个女人走了过来，而那女人年轻得根本不像他的妻子。撞破人家的私密就是一件极为尴尬的事情。我就遇到过这种事情，扭头走或者躲起来已经来不及

林子大了

了,又不能假装不认识,只好上前打招呼,但还是感觉十分别扭,最后只能假装奉承说:"呀,嫂子真年轻。"结果那个领导白了我一眼:"你认错了,这是我女儿。"更尴尬了。

在我们自卑者的眼里,很多其实是别人的尴尬事我们也会跟着尴尬。比方说有人当众唱歌,而且唱的还是东北口音很重的英文歌;又比方说,有人在公众场合求婚,我怎么看怎么觉得这种方式很尴尬。

所以说,尴尬这种事情有时候是相互的,你尴尬,没准别人比你更尴尬,大家都是尴尬的生产者,也是尴尬的搬运工,更是尴尬的承受者。

无论如何，我们还是应该想办法尽量避免尴尬，实在避免不了就去战胜它，因为只有战胜了尴尬，我们的自卑感才会减轻一点。那究竟怎样才能战胜尴尬呢？

方法一：林子大了，什么鸟都有。他都不在乎，你在乎什么？

很多时候，我们之所以会觉得尴尬，是因为我们想多了，尤其是这种尴尬是别人的行为引起的时候。比如电梯里已经很满，最后一个人上来，电梯超重警报响了。这时候大家感觉很尴尬，主要是替最后上来的那个人尴尬。如果那个人不下电梯，就更尴尬了。但有一次最后上来的人说了一句："咱们大家都提一口气吧！"大家出于无奈提了一口气，电梯还真上去了。后来一想，真是林子大了什么鸟都有，人家不尴尬，我自作多情尴尬什么啊？拒绝做尴尬的搬运工和承受者。

方法二：我就是戏精。

这招需要考验随机应变的能力。

比如你走在街上不小心绊了一跤，摔了个狗吃屎。怎么办？就地躺下，亲吻大地，说："祖国啊，我回来了！"

又比如你去跟女孩表白，被她当场拒绝了。怎么办？你可以告诉她，自己最近要参加一个舞台剧表演，刚才那句只不过是台词，拿来练手的，别当真。

又或者是你对着一辆车的车窗涂口红,结果车窗摇下来了,里面居然有人。怎么办?继续涂啊,把那人的脸当作镜子,当他不存在,涂完后从容地离去。

以上这些招数的本质很简单,其实就是自己骗自己。不要觉得这有什么不好的。我们在生活中难道不是每天都在自己骗自己、催眠自己吗?我们常常告诉自己,无所谓,没关系,不要紧,又怎样……这些催眠的话某种程度上会起到心理安慰的作用。

方法三:疯狂自嘲。

对于自卑的人,也许自我催眠已经没用了。所以我有一个终极大招要和大家分享,那就是自嘲。

什么意思呢?就是遇到尴尬,与其把它化解

掉，不如把它变成一个有意思的笑话，去正视它，面对它，甚至开它玩笑。

以同样的例子举例。

向女孩告白，我们被拒绝了，怎么办？我们可以自嘲，把尴尬说出来。

"好尴尬啊，又被拒绝了。我其实在梦里向你告白过，已经被拒绝过一次了。人们常说做梦是相反的，所以我打算在现实里再试一次，没想到结果还是这样。没事，我自己消化一下吧，这辈子吃了那么多垃圾食品都能消化，这个美好的告白失败还不能消化吗……"

这些话其实说出来更尴尬了，但我们不要害怕，大胆去说，只有这样才能面对尴尬。

又或者，我们说了一个自认为很好笑的笑话，结果没人笑。那我们也可以自嘲："没有人笑好尴尬哈,要不我再来一个更尴尬的笑话?"

尴尬不行,那就再尴尬点。所有的事情都是物极必反,尴尬到了尽头倒是能看出来你的勇气。

最后小结一下,化解尴尬的办法是:**争取比别人反应慢半拍、演技大考验和疯狂自嘲。**如果这些招式还是不能帮你化解尴尬,那么恭喜你,你说对了,尴尬无处不在且不是每个尴尬都消解得了的,我们只能在一次次跟它们打交道的过程中完成蜕变和自我成长,目的不是对付尴尬,而是对付尴尬背后的自卑。

好了,这一章就到这里,那个来我家东翻西翻的朋友的观后感发给我了,我还得看一下。

11

第十一章

当众演讲：要不要先写好遗书？

自卑者在生活中会遭遇很多种噩梦，但其中最恐怖的应该是当众演讲。

我曾经在当众演讲之前，整夜失眠，胡思乱想，浑身出虚汗，甚至手脚发抖，整个人都不好了。就好像我要上去的不是讲台，而是断头台。

其实美国人上台讲话也很紧张。我留学的时候，一个美国同学在走上台的时候太紧张，下意识地把一个鱼缸抱起来走上台，直到讲完了才意识到自己抱着个鱼缸。在美国的一项调查表明，大部分人最怕的事情，第一是在公共场合演讲，第二是死亡。所以当众演讲比死亡还可怕。那么上台之前，要不要先把遗书写好？下面就是我的遗书：

亲爱的家人和朋友们，

当你们看到这封遗书的时候，我可能还活着。

现在就去墓地看一眼以防万一。如果我真的活不了了，那么我的银行账号是……

好了，现在大家都集中注意力听了，我继续往下讲。

我曾想办法去学习怎么演讲。记得以前有本杂志叫《演讲与口才》，本意是给那些有演讲或者语言障碍的自卑的人看的，结果我买回来，发现上面刊载的全是名人名家的演讲词，不看不要紧，一看更自卑了。

直到我开始做脱口秀，几乎每天都要站在台上，才慢慢克服这种恐惧，但并不代表我在演讲方面已经充满自信了。相反，我还是很自卑，还是觉得在众人面前说话、搞笑是一件不太容易的事情，只不过我掌握了一些方法，能够让我们应付演讲台。

在此之前，我们需要先弄明白，为什么当众演讲对于自卑的人来说既是巨大的挑战，也是必须要面对的事情。

首先，"当众"是解开自卑心结的关键钥匙。

我们说了这么多自卑，归根结底，自卑的人只怕两个字：当众。不当众，一切好说，一旦当众，什么都蔫菜：结巴了，紧张了，头脑短路了，逻辑混乱了。搞不好还会被观众轰下台。

为什么会出现这种情况？是因为我们在人前容易失位。

美国知名的成人教育学专家卡耐基发现，世界上根本就不存在生来就胆怯、害羞、脸红的人。这些心理的现象都是人在后天的成长过程中因某种经历诱发生成的。

这个观点的对错很难佐证。人是一直在成长的，一直在经历各种事情。有些经历让我们内向，有些诱发了我们表现自己的冲动。到底哪个先哪个后？这是个先有鸡还是先有蛋的问题。

不管原因是什么，如果我们的性格本来内向，不爱说话，却非得站在那么多人面前去演讲，展示自我，干自己并不擅长的事情，就特别容易失去自我的位置。

这跟踢足球有点像，我们本来是踢后卫的，以防守为主，却非让我们顶到前场去充当前锋，结果导致后防空虚，一败涂地。

我们也想老老实实地做好自己得了，自卑就自卑吧，内向也不是什么坏事，可社会不答应啊。

归根结底，这个社会对内向者并不友好，而更赞赏那些外向型的人。那些能说会道的、自信满

就像一只
大 猩 猩

满的人都去参加《超级演说家》《奇葩说》《吐槽大会》了，我们怎么办？有没有一个节目是专门为咱们自卑而内向的人设计的？根本就没有。（除了我们这本书之外）那怎么办？只能摆脱自卑，让自己自信起来，才能在社会上有一席之地。这是很现实的事情，而其中关键的一环，就是得"当众"说话。

其次，"演讲"是通往自信的手扶电梯。

当众说话仅仅是第一步，真要自信，还得要当众演讲。

什么叫演讲？简单点说，就是站上舞台，面对少则几十人，多则成百上千人，用表演的方式讲话，或者，用讲话的方式表演。

这里面有很关键的几点：

第一，站上舞台就是自信的开始。

上台，是一个形式感极强的事情，它意味着你将成为众人的焦点，你身上所有的一切都会被放到最大，根本无法掩饰。说难听点，这个时候你就像一只站在舞台上的大猩猩，所有人都希望你能逗他们开心或者感动他们，也随时准备为你鼓掌或者扔臭鸡蛋。

要么是英雄
要么是狗熊

这是一个极大的挑战，那一刻你要么是英雄，要么就是狗熊。

不过也有例外。比如我的脱口秀俱乐部每周都有个活动，叫开放麦，就是给那些新人一次上舞台的机会。同样是上舞台，开放麦的观众就要少很多，有时候台下的观众不会超过十个，其中九个是准备接下来要上场的脱口秀演员，还有一个是来这里抄段子的网络写手或影视编剧。这样的场合的优点是可以锻炼人，即使讲得不好，你和其他上台的人也不在乎。缺点是有的时候你讲得很好，因为大家对开放麦的期待值低，没有注意到。

如果脱口秀对你来讲还是太难，你可以去一些演讲俱乐部，比如 Toastmasters International（TI/国际演讲会）。在那里你可以讲半分钟，也可以讲 10 分钟，而且讲完之后观众必须鼓掌。有即兴的，有事先准备过的。这样大家互相鼓励着讲，之后大家发言，说你哪里讲得好。很多人在这个组织里找到了自信。

第二，当众演讲是表达自己的最好机会。

每个人都有要表达的欲望，自卑的人也不例外。只不过，我们因为自己的内心而不善言辞，因为害羞不敢当众说话，所以一直没有机会表达自己。这也容易给他人造成误解，好像自卑的人都没什么思想，甚至大家并不关心我们在想些什么，挺挫败的。

当众演讲则是一次绝佳的让别人听我们说话的机会。我们第一次成了焦点的中心，第一次大家会仔细听我们在说什么，最关键的是，还没人插嘴。这一刻，我们终于有了当英雄的感觉，必须要好好享受,好好表达,否则就太对不起自己了。

第三,演讲的本质是表演。

演讲的演是表演的演。演讲的时候,台上的人是在表演。"台上一分钟,台下十年功",对演讲也适用。演讲是要反复磨炼的。罗振宇为了准备他的跨年演讲,要把自己封闭起来创作,准备,并听取专家意见。乔布斯承认他在大型新闻发布会之前会把要说的话练习上百次。很多美国总统不仅有演讲撰稿人(speech writer)、演讲培训师,甚至还会有"陪练"帮他们把可能被政敌攻击的地方反复打磨加强。

相比之下,我也见过一些以说话为生的律师和教师在讲话时支支吾吾、用词不当,让人感到既不专业也没信心。当然一些大人物也有通过演讲给自己减分的。

比如美国前总统特朗普当年的就职演讲，就是一次大型的表演车祸现场，那可能是美国历史上最差的一次总统就职演讲。

对我们自卑者来说，当众演讲既是挑战，也是机会。抓住这个机会，突破自己，哪怕不是为了成为英雄，也是一次人生重大的历练，而这份历练真的能帮助我们战胜自卑。

接下来当然是传授经验。我到目前为止参加过大大小小最起码一千场的公开演讲，也获得过一些笑声和掌声，因此算是累积了一些有用的经验，在此和大家分享一下：

经验一：要幽默。

绝大多数演讲都需要幽默感，尤其是在现在这种节奏很快的时代，如果一开场的几句话抓不住听众，大家很可能就不想听了，默默掏出手机打游戏。

要迅速抓住听众，通常就两招，要么耸人听闻，要么喜闻乐见。也就是说，要么把人唬住，要么让人笑起来。把人唬住对于我们来说不太现实，把人逗乐倒是可以尝试一下。

我的建议是，上台第一句话，先讲一个小段子。而且是你准备的最容易让人记住的段子。

比如，我的开场白通常是："大家好，我叫黄西，黄瓜的黄，西瓜的西。"简单明了，又有点小幽默，还很顺口。我最开始这么介绍的时候还有人鼓掌。

以前郭德纲的开场白也很有意思：床前明月光，

疑是地上霜,举头望明月,我是郭德纲。

他借用了一首全中国人都知道的唐诗,然后在结尾抖了一个意外的包袱,不仅押韵好记,还报上了名号,所以非常有效。

我建议,大家如果要当众演讲了,先想一句开场白,要符合以下要素:幽默好玩,简单好记,介绍自己。

经验二:要有人设。

既然演讲是一种表演,那就必须要有人设。当然,我们说的人设不是说硬编一个与自己没有关系的,而是要先找到自身的性格和特点,并且强化它们,让你的人设更加鲜明突出。

比如我的人设,大家都很清楚,木讷、一根筋、情商不高的理工男。

总统是 president

马云的人设是成功的草根企业家。

罗永浩是有情怀的创业者。

许知远是名校毕业的精英知识分子，等等。

有一点很重要，就是这个人设一定要从自己身上找，要诚实，否则很容易崩塌。真诚的人设还有从一开始就抓住大家的注意力的作用。

经验三：要有观点表达。

我 是 个

大家要想清楚的一点是，别人为什么要花时间来听你演讲？很简单，每个人都想从别人那里获得点什么。因为我们的演讲仅仅是好笑还不够，还需要表达你思考过的观点，或者新颖，或者有趣，或者有知识含量，让人感觉不虚此行。

所以每次在演讲之前，我们都会拟一个主题，这个主题很可能就是这次演讲的观点，如果没有主题，那演讲就会变成一次空谈。

这点跟我们做脱口秀很相似。脱口秀的英文叫 stand-up comedy，翻译过来就是单口喜剧，虽然喜剧的目的是使人开心发笑，但所有做脱口秀的人都试图在自己的段子里埋一些对世界、社会、家庭以及各种人类关系的看法、情感和见解。有人说脱口秀是"养乐多"，有营养也有乐趣。我有个段子说，有人问我为什么拿总统开玩笑，人家毕竟是总统啊！我说总统是 president，我是个普通居民（resident）。我们有个"p"的区别。这个段子在逗大家笑的同时，还有一个核心观点：平等。

按照惯例，咱们小结一下。要想顺利当众演讲，写遗书时暂时不把自己的银行账号密码告诉别人。当然你可以不写遗书，但一定要准备三样东西：幽默、人设和观点。学好这三样，走遍天下都不怕。

另外，当众演讲是会上瘾的。一旦你突破了第一次，后面的就好办了。所以，自卑的我们，一起上台演讲吧。

这一章就到这儿，下一章我们讲如何在职场沟通中克服自卑。

12

第十二章

职场沟通：讨厌职场，但请看在钱的分儿上

根据美国的一项调查，有80%的人不喜欢自己的工作。中国大多数年轻人都很讨厌职场，认为那是一个非常复杂的地方，人际关系很难处理，也很敏感，稍不注意，得罪了人是小事，降薪丢了饭碗麻烦可就大了。因为职场里的人大都小心翼翼，生怕伤害别人以及被人伤害，说职场如战场也是可以的。雪上加霜的是，很多现代人每天在职场的时间可能比在家还长。这种让人患得患失的地方对我们自卑的人非常不利。可我们也要生活，也要赚钱养家糊口，因此，职场沟通显然是不可避免的。

那我们这些自卑的人怎么去打这场旷日持久的战役呢？用幽默！——其他的我也教不了。只要学会幽默，你会发现其实职场上的沟通也没那么难。

第一，幽默是打破同事之间隔阂的工具。

大家要相信一个观点：人和人之间是天生有隔阂的。尤其是在职场上，相当于一群本来毫无关系的陌生人聚集在一起做事，年龄、性格、背景、喜好等通通不一样，甚至目的都未必相同：有的人工作是为了实现自己的价值，而有的人则是为了混口饭吃，还有的人是在家闲不住。

我们公司以前的司机，家在大兴，拆迁分了一千多万，跑这儿打工开车三千多一个月，每天喜滋滋的，从不迟到早退，兢兢业业，问他图什么，他说不图什么，就是想和人聊天交朋友。你说一个想聊天，另一个想多干活往上爬，这俩能合得来吗？

我记得我读研究生的时候，我的课题项目特好，我也很刻苦，经常干到后半夜，一心想发表论文当教授。我有个同学的项目很冷门，让大家提不起兴趣。

> 他总是悠闲地找我聊天，问这问那。我心里真是特别烦，感觉我是在下象棋，他在那儿看，还乱支着。过了一段时间他知趣地走了。又过了一段时间他成了耶鲁大学的教授，我混不下去改行做了脱口秀。有的时候有闲情逸致的人倒是能从忙碌的人那儿看出些门道，憋出更大的招。

有同样价值观的同事之间不仅是合作关系，也是竞争关系，有的时候是狼多肉少，有的时候肉还要争个你高我低。

我们
真不是
爱装

我们只是不会表达

还有一种隔阂是因为大家的言谈举止不一样。大家都喜欢不"装"的人,而我们自卑内向的人,因为不爱说话,看起来比较拘谨,给人感觉就是挺"装"的。这里我也想通过这本书替咱们自卑的人说句话,我们真不是爱装,我们只是不会表达。

不管什么原因,刺破这层隔阂显得有些困难,你越是严肃和较真,同事关系就越紧张。

而幽默则不然,它是打破这种隔阂的最佳工具。它能让同事对你产生有趣的印象——通常看起来有趣的人,也是好沟通的人。

其实幽默的本质是一种共鸣和默契，是在充满隔阂的地方找到共性。我以前工作的生物公司有个总管叫 Jason，平时说话圆滑，一心往上爬的样子，大家不太喜欢他。有一次公司开会，他说："今天是星期五，十三号，我叫 Jason。"大家哄堂大笑，因为有个惊悚片的名字叫《星期五，十三号》，里面的主角是一个杀人犯，叫 Jason。他拿自己开了个特别应景的玩笑以后，隔阂消去了很多。

第二，幽默是缓和气氛的香熏。

在职场中，除了与同事之间正常的交往之外，我们还得面临各种场合，比如内部会议、生意谈判、企业活动、公司聚餐、求职面试等，有的场合很正式，也很严肃，有的场合本身就是为了加强同事之间的交流。

我认为，越是严肃的场合越需要笑声。道理很简单，这就好比一根皮筋，拉得太紧一定会绷断的。时紧时松才是最好的节奏。

比如说生意桌上谈判，能力这些硬指标当然很重要，但很多人更看重合作对象的软实力，包括企业文化、合作氛围、沟通效率等，这些都能通过谈话感受出来，而幽默感在其中起到很重要的作用。

一个幽默的企业是自信的，而懂得幽默的员工是企业的无价之宝。

一位顾客坐在高级餐馆的桌旁，把餐巾系在脖子上，经理对此很反感，叫来一个服务员说："你要让这位先生懂得，在我们餐馆里，那样做是不合礼仪的。但话得委婉些。"服务员走到这位顾客桌前，有礼貌地问道："先生，您是刮胡子，还是理发？"客人意识到自己的行为不得体，从脖子上摘下了餐巾。

第三，幽默可以应对不平等待遇。

企业其实就是一个独立的王国，职场也就是社会，经常会有一些类似潜规则的不平等待遇、欺负甚至歧视。尤其是我们这些自卑的人，往往会被一些前辈或者厉害点的人骑在头上。

遇到这种情况我们通常只有两种办法：要么完全不理，任他欺负，默默忍受，自己憋屈生闷气；要么实在忍不住了，就奋起反抗，怒发冲冠，恨不得打对方一顿。

这两种办法我觉得都不可取，对解决问题一点用都没有，反而会把关系弄得更僵。如果我们知道怎么样用幽默去应对，那将是完全不同的结果。

比如你工作很努力，但一直没有涨工资。你可以说："最近我老婆怀疑我藏私房钱了，因为我总加班，但是交给她的工资一直没变。"

说了幽默在职场的不可或缺性，道理我们都懂，但具体要怎么做呢？

第一，对同级，要建立自己的风格。

我发现一个问题，凡是在职场中无所适从的人，通常都是没有自我的。这可能也是自卑者的通病：小心翼翼、患得患失、害怕失败、不敢得罪人，渐渐地就越来越卑微，找不到自我。这点在职场中特别突出。很多时候其实是我们自身定位不清晰，别人也找不到准确的方式和我们交往，造成一种难以沟通的错位。

所以我的看法是，从你进入公司第一天起，就要让别人知道你是什么风格。你自己的风格找准了，也算是给别人打开了进入你的世界的门。

比如，你的办事风格是少说多做、干脆利落，那么你从一开始就要践行这种风格。体现在幽默方式上，就是尽量讲不超过两句话的段子。

"我很倒霉，出生那年正好是我的本命年。"

"有人说今年是大学毕业生就业最难的一年。不要沮丧，到明年就不是了。"

"据说穿紧身裤能显瘦，但我穿不进去。"

大概就是这个意思，学会说短笑话，说冷笑话，让同级知道这就是你的幽默方式，进而慢慢对你有所习惯，也就慢慢接受你了。

第二，对上级，认真做事，幽默做人。

在职场，做事才是最重要的，尤其当你的能力很强，态度端正，业务专业，即便你不是太懂人情世故，也能赢得上级或老板的重视。

上级重视是你获得自信的重要来源。

不过这还不够，还得学会幽默不邀功，这样才会让上司觉得你既会做事，又懂做人。

比如，上司问："你这次的工作完成得非常出色，你是怎么做到的？"

"其实都是为了还债。因为上个月双十一信用卡透支大了……"

什么叫自卑？在世人的眼里，你没有成功、内向不说话就叫自卑，你成功了，那就是你的个人特点。

所以，认真做事，很可能会彻底改变你对自卑的认识。有本事才是硬道理。

第三，对待下属，那更要懂幽默了。

在下属面前，幽默是一种亲和力，也是一种凝聚力，能让你成为一个受人尊敬和爱戴的上司。

不过话说回来，咱自卑的人啥时候有过下属？

第四，创业是一种发挥幽默的好办法。

如果你既不知道怎么建立自己的风格，做事专业性又不如别人，那么听我一句，找个机会自己创业吧。这么说吧，如果不创业，你的自卑感将很难得到缓解和释放。

举个例子：

我有个朋友，在单位里一直找不到存在感，很自卑，领导也不怎么喜欢他，同事也不待见他，过得很窝囊。他和老板说："我想出去创业。"老板说："我很替你担心啊。"他说："谢谢老板关照。

创业不成我再回来呗！"老板说："我怕的就是这个！"

后来，他终于出来创业了，自己当老板。他发现以前面临的那些问题顿时全没有了：随便说个不好笑的笑话也有人笑；他说话的时候再也没人敢打断他；除了客户，他再也不用讨好任何人。他整个人变得非常自信，走路、说话、举手投足都透露着大老板的派头。虽然赚得不多，但奶茶铺一直维持着，手下两个员工，就为了不自卑这也值了。

即使创业失败，你也知道了当老板是怎么回事，知道公司是如何运营的。将来再去其他公司打工也会是一个更有价值、更加自信的好员工。

最后，我想说的是，在职场有几件事一定要记住：

一是幽默不是耍宝,千万不要为了去讨好别人,而滥用幽默。

二是不要充当老好人,要懂得拒绝,当老好人就是在压抑自己,照亮别人,你没有那么伟大,这么做只会更自卑。

三是要感恩,能有一份工作安身立命是一件值得珍惜的事情,你开心一些可能就是公司最大的价值,你会更容易被大家接受,你的自卑感会逐渐消失。

不是耍宝不要充当老好人！

如果不论你怎么争取，公司就是不给你好项目，你心态好也可以从别人那里学些东西。说不定你之后就去耶鲁大学当教授了呢。

好了，这一章就到这儿。下一章我们讲如何在男女关系中运用幽默感。

13

第十三章

亲密关系：
恋爱是一场只有
一个观众的脱口秀

恋爱这个东西很怪，有点像一种超能力。恋爱伊始像突然登上九重云霄，幸福得不得了；失恋之时觉得整个世界顿时一片漆黑。有的时候一句话还没说上就让你充满幻想兴奋无比，或充满猜疑郁闷无比。情感上的不自信能影响人生。它会让我们彻底产生悲观情绪，认为自己缺点太多，没有人会喜欢自己，并且有可能永远错过自己最喜欢的人。

很多人认为恋爱是不能教的。他们说，如果世界上真有能教人恋爱成功的秘籍，那就不会存在这么多失败的恋情了。但我想告诉大家的是,那是因为这些人没遇到我,如果他们早一天遇到我,看过我的书,也许就不会恋爱失败了。

恋爱成功的秘诀是什么呢?幽默。

不过在说具体的方法之前,要先给咱自卑的人打打气:我鼓励自卑的人去恋爱。为什么呢?

其一,追求喜欢的人是自卑者获得勇气的最佳方式。

恋爱的前提是双方都同意。如果对方不同意,你非要说人家和你是情侣,这叫追星,更难听的叫耍流氓。因此,我们首先得"追"。

"追"很明显是个主动的行为。然而,从被动到主动,对于自卑的人来说,那是一个巨大的门槛,需要跨越。

自卑的人往往是胆小的、被动的,通常是以暗恋开始,暗恋结束,结果是错过。我们首先要做的是走出暗恋。

当然,对于自卑的人来说,要走出暗恋当面表白确实很难。但你要记住,一旦突破了这关,那你至少有了50%的获得对方同意的概率。如果你不突破这一关,你获得对方同意的概率是0%。而且50%的概率相当高了,这比考取以色列空军飞行员的成功率高多了，以色列空军飞行员考取率才10%。

对女孩示好的方法很多，但最起码要尊重对方。我们可能都见过那种打口哨的男孩，其实，这种办法在人类5000年历史上从来没好使过。我没听说过哪个女孩正走路呢，突然听到口哨声响，马上停下来想："他真理解我。我们加个微信吧！"首先尊重对方，你再尽量勇敢放心地去追。

《诗经》里说：窈窕淑女，君子好逑。

对异性的追求是人类的天性，没什么好自卑的，你有表达爱的权利；更不要害怕被拒绝，或被拒绝后心怀仇恨，因为人家也有不喜欢你的权利。无论结果如何，至少你做出了主动的姿态，这就等于迈出了重要的一步。

不过你如果长得美若天仙，也可以直接跳过这一步。

如果你是一个女孩，有一个心仪的男孩，你也可以主动追。我们的社会对主动的女生是有偏见的，导致很多女孩喜欢男孩以后不敢追。我在读书的时候就遇到过这种情况。我明显感觉到几乎所有的女生都在暗恋我，而不喜欢我的女孩就是我追过的那些。这里开个玩笑，但的确没有女孩追过我。

如果你是自卑的女孩，我建议你也尝试一下我的建议，勇敢但谨慎地追求自己喜欢的人。

其二，只有恋爱才能让自卑的人真正审视自己。

当你突破了第一关，有幸得到了对方的同意，那么恭喜你，你将进入更难的一关：恋爱。

自卑是一个人的事儿，但恋爱是两个人的事儿。我们单身的时候可以躲起来自己自卑，没人拦着你，但在恋爱中，你一定要审视自己的自卑是否会给另一方带来困惑甚至伤害。这是对双方的负责。

人们常说"攻城容易守城难",而对于咱们这些自卑的人,则是"追人很难,守人难上加难"。有的时候,接受你可能是同情你,或者正处于空窗期,闲着也是闲着,多一个买单的也还不错——话虽然有点难听,但事实可能就是这样。所以千万不要得意,必须得发挥自己的魅力让人家真正喜欢上你才行。这个时候,我们就需要深刻地审视自己。而对方就像是一面镜子,我们要学会从对方身上看到自己的问题。

其三,恋爱对自卑的人来说,是一次真正的提升和成长。

一方面,恋爱是盲目的、冲动的、快乐的,它能让自卑者体验到从未有过的被爱、被关心的温暖感觉,也能让他感受到为其他人付出的满足。

另一方面，恋爱又是现实而深刻的，它逼迫着你去面对一些之前不愿或不敢面对的人和事，逼迫着你去承担一些责任。

我有一个朋友，在恋爱之前都浑浑噩噩的，一天天像只无头苍蝇似的，得过且过，但自从有了女朋友，完全像变了一个人似的，努力工作，积极生活，后来一问，说是要在北京买房。

现在年轻人抱怨结婚得有房有车。的确我结婚的时候没房也没车，但我一点儿都没嫌弃她。但这对现在的年轻人来说是个挑战，也是个机会。以前看爱情片里总说："你让我想成为一个更好的男人。"现实里也的确是这样。好的爱情激励你上进。

既然恋爱对我们这些自卑者来说这么重要，那具体要怎么做才能在情场上打胜仗呢？

恋爱其实就是一场只有一个观众的脱口秀，而幽默就是我们的武器。讲脱口秀你要做的就是让那唯一的观众认可你、喜欢你并且为你欢呼鼓掌。恋爱里欢呼鼓掌就没必要了，每天活得像综艺节目就有点过了，但恋爱的确是要对方认可你，喜欢你。

这当然需要一些方法。我给大家归纳了一下：

方法一：要像抖包袱一样循序渐进。

没有哪个演员一上台就能自信满满让人爆笑的。得先打个招呼，介绍一下自己，铺垫一下，然后再甩包袱。有时候包袱不响，得换个方式再抖。谈恋爱也是一样，不能操之过急，需要铺垫，反复尝试，才能找到自己的方式。

以"表白"举例吧。

那种大开大合、深情款款、惊天动地、臭不要脸的告白方式肯定不适合我们这些自卑的人，要坚决摒弃。我们可以把它分为四个步骤：试探、酝酿、出击、等待失败。

试探，我们可以先从微信开始。

给喜欢的人发微信是个技术活：你不能太积极，一下子发十多条，这会让人反感；你也不能太消极，十多天发一条，这会让人以为你对她（他）无所谓。当然，那些露骨的话、煽情的话、奇怪的表情包、毫无内容的废话，比如"多喝热水"之类的，也尽量不要发。

直接发红包当然也不可以，实在想发，可以先发给我。

这也不行那也不行，那说什么呢？

要发有价值的话，比如对她关心的事情的意见和看法；

要说实用的话，比如一起出去约会，吃饭逛街或者给她和她的家人提供实际帮助；

要说关心的话，关心她的健康和心情；

要说真心的话，不要撒谎和故作聪明地卖弄。

而且，还要学会从她（他）的文字里看出玄机。不要通过表情包判断任何事情。相信大家都见过女孩哭丧着脸发哈哈大笑的表情包。文字其实是最真实的反应，你仔细看，完全可以从文字中看出对方的情绪和真心话，这点，我想对我们这些内心戏丰富的自卑者来说，反而是一种优势。

接着是酝酿。

寻找一个合适的时机，包括你对两人关系深浅程度的判断、合适的时间节点和合适的场合。

然后就是出击告白了。

有个朋友问我:"我追不到女孩怎么办?"我说你干脆就向你所有认识的女孩表白吧!结果他拉了个群!

告白一定要面对面,更重要的是一对一。

告白真的没有什么诀窍,不需要演技,也不需要气氛烘托,那些反而会让你表现得更糟糕。只要一点:真挚。只有真挚才能打动人。

然后是等待失败。

为什么要等待失败?其实就是要大家降低自己的期待,期待越高,失望也就越大,尤其是对自卑的人。所以干脆等待失败,既符合我们自卑者的心态,也不用给对方太大压力。这样的告白成功才更有意义。

如果你是真的喜欢她但表白失败，那你真的得打持久战，而且要屡败屡战。

方法二：把情话包装成段子。

在恋爱中，没有人可以不说情话。我一直觉得相敬如宾、相濡以沫这些词都是那些在男女关系中不太想付出的文人瞎编出来的。

所以情话一定要说。怎么说？可以用段子。

比如：如果爱上你是犯罪，那我希望在你心里服无期徒刑。

或者：认识你之前我一直想独唱，认识你以后我想唱二人转。

有个历史专业的同学说：从今天开始让我们一起写我们的家谱吧！

在爱情里你是主角，珍惜这个机会，爱怎么演怎么演。

我不赞成过度表演，因为爱情是一种好的表演，不是演技扑街的表演，好的表演是动真情的。说情话的时候可以把它当成一种表演训练，就像在脱口秀中的段子表演训练，因为很多情话说着说着就成真的了，而情话这种东西无所谓真假，你的另一半都爱听。在脑子里，在洗手间多练几次也无妨。你有好兄弟的话，拿他练也可以，如果你把他都打动了，你就基本成了。别觉得这个太假，如果女孩知道你这么下功夫练习，至少会感动——很多人说女孩是被感动以后坠入爱河的，这话真实度很高。

怕就怕在，连情话都不愿意说，那个时候，爱情就快到期了，该考虑结婚了。

方法三：要针对不同的恋爱场景抛针对性的幽默

尝试。

吃高雅的浪漫晚餐的时候，我们可以表现得笨拙一点，制造反差，反而是一种可爱的有趣。比如用搅拌勺来喝咖啡，询问2018年产的红酒是不是过期了。

看电影的时候，尤其是恐怖片，男生表现得更胆小一点，女生表现得更汉子一点，同样是错位的喜感；看爱情片的时候揶揄一下对方含泪的眼睛。

看综艺节目的时候，我们可以尽情拿里面的主持人和嘉宾开涮："看，上一次黄西比女主持人要高，这次怎么又矮了？是不是增高垫洗了没干忘穿了？"

生日送礼物的时候，我们可以更矫情一点："我路过橱窗看见了一条项链，觉得高贵、典雅、完美，和你的气质很配，所以我用手机拍下了它的照片，打印出来送给你……"

方法四：要像优秀的脱口秀演员一样，只要上台就有责任把笑话说完。

和一个人在一起是因为爱，而要维持这段关系则需要责任来支撑。就像我们既然选择站上舞台，就不要中途退场，中途退场是对自己的不负责任，也是对观众的不尊重。

但有时候，我们确实存在心理障碍，怎么办？要置之死地而后生。

我一个有点自卑的朋友，好不容易鼓起勇气追到了自己喜欢的女生，那女生也喜欢他，快到结婚的时候他却退缩了。他担心自己没有能力给那女孩一个好的生活，于是陷入苦恼，脾气也越来越大。我告诉他，你这样不对，要置之死地而后生。他听了我的话，问我借钱结了婚，给了对方一个交代。现在他和他老婆已经好几年不和我联系了，钱也没还。

但据说俩人过得可好了。

如果一段感情最终以失败告终,我们不要悲伤和自我贬低,就像一场脱口秀的结尾,要学会礼貌谢幕。即使演得不成功,你也要感谢人家让你知道哪个段子值得保留,哪个段子得扔掉或修改。这是对他人的感恩,也是对自己所做一切的肯定。

能在一起就是缘分,时间再短,也是美好的回忆。

最后,我想对那些自卑的人说,在恋爱中,我们千万不要因为自身的自卑而放低自己,去无条件地讨对方的欢心。男女关系中最重要的是平等,不平等的恋爱我建议放弃,因为那只会让你更加自卑,最终以悲剧收场。

好了,这一章就到这儿。下一章我们讲与人初次见面时幽默的运用。

14

第十四章

初次见面：
你好，
我的名字叫自卑

我们每天都要遇见陌生人。有的只是一面之缘，今后不会再产生交集，比如路上问路的、饭店服务员、来看我演出的观众等；有的则是交往的开端，今后会有或深或浅的来往，比如相亲、面试、谈生意等。

无论哪种类别，我们都应该给这些初次见面的人留下好的印象，这既是礼貌，也是交际手段。

我们中国人常说要与人为善，不仅仅说的是和熟悉的人，更指的是初次见面的人。看一个人有没有修养，就看他是怎么对待陌生人的。

==如何在初次见面时给人留下好的印象呢？除了礼貌，最重要的就是幽默感了。==

研究表明，幽默的人给他人的第一印象是最好的。

不过在此之前，我们需要搞清楚一个问题：为什么初次见面的表现对我们自卑的人这么重要?

首先,初次见面的表现对今后的交往至关重要。

心理学中有一个首因效应定义,说的是交往双方形成的第一次印象对今后交往关系的影响,虽然这些第一印象并非总是正确的,却是最鲜明、最牢固的,并且决定着以后双方交往的进程。简单点说,初次印象好,以后啥都好,初次印象不咋样,以后也会受影响。

有一位心理学家曾做过一个实验:

把被试者分为两组,让他们同看一张照片。对甲组说:这是一位屡教不改的罪犯。对乙组说:这是位著名的科学家。

看完后让被试者根据这个人的外貌来分析其性格特征。结果甲组说:深陷的眼睛藏着险恶,高耸的额头表明了他死不悔改的决心。乙组说：深沉的目光表明他思想深邃，高耸的额头说明了科学家探索的意志。

这个实验表明第一印象形成的是肯定的心理定式，会使人在后继了解中偏向于发掘对方具有美好意义的品质。若第一印象形成的是否定的心理定式，则会使人在后继了解中偏向于揭露对象令人厌恶的部分。

所以我们常常喜欢美化初次见面，比如清代著名词人纳兰性德的名句"人生若只如初见"，大概的意思是感慨要是我们的关系没有改变，还是停留在初次见面时的美好，该多好。

这当然只是一种美好的愿望。而对于自卑的人来说，如果这个头没开好，接下来不单单是别人对自己的感觉会不好，就连自己也会怀疑自己，进而表现越来越糟糕,甚至会消极应付这段关系。

其次,与人初次见面时暂时隐藏我们的自卑。

我有一个朋友,在认识的人面前内向自闭、沉默寡言,在陌生人面前常常自信满满。他问我是不是很分裂,我说你这不叫分裂,叫自卑。

在熟悉的人面前,因为对方对自己很了解,对于自卑的人来说,就好像脱光了衣服一样,被人看穿,做什么都觉得别扭;但在陌生人面前,因为对方并不了解自己,反而更放得开。

这对我们自卑的人来说,既有好处也有坏处。好处在于,我们在与人初次见面时能放松一点,坏处在于,一旦与人第二次交往,内心的自卑就会不自觉地暴露出来,很可能会发挥得比第一次糟糕很多,给人反差很大的印象。

初次见面

如何平衡这种反差,是自卑者要面临的重大难题。

最后,打赢初次见面这场战役能有效帮我们建立心理优势。

初次见面的成功,不仅能让别人在今后的交往中对我们有个好印象,也能让我们建立一些心理优势。从心理学的角度来说,当我们知道对方对自己印象不

你好,我是你爸

记住了今后你得听我的!

错,还挺喜欢自己的,下次可能就会变得更有自信一点。反之,下次则会表现更加糟糕,甚至没有下一次了。

人与人之间的交流是相互作用的,也是需要反馈的。反馈的好坏决定了往后的心理状况。

我在与我儿子初次见面时,就计划在他面前建立心理优势。我当时在产房,对着眼睛都只开了一半的他,非常明确地说:"你好,我是你爸。记住了,今后你得听我的。"这招很有效。我现在在我儿子面前还非常自信,说一不二。

既然初次见面这么重要,那我们应该用什么办法去度过这一关呢?

方法一:运用幽默的语言。

幽默的人更容易在初次见面时给人留下好的印象。这点我有发言权,因为我和我太太之所以能走到今天,正是因为第一次见面时,我给她的印象很好,她觉得我这人肯定很幽默,能给她的生活带来乐趣。我到现在还能清晰地记得她开怀大笑的样子。

有的时候甚至先让对方笑一下再介绍自己可能更有效。

幽默在初次见面时真的非常重要,运用起来却非常难。我的经验是想办法找与对方的共同点。

比如,地域是一个最好的共同点。都是吉林的,这当然最好；不行的话就都是东北的；如果这也不是，那就都是北方人；如果一南一北，那就咱都是中国人。

我的一个美国朋友在中国生活，见人就问："你是哪儿来的？"我说："我是东北人。"他说："太巧了，我也是东北人，美国东北的。"连美国人都能和中国任何一个地方的人拉上关系，你有什么理由不能呢？

觉得聊地域太俗，也可以试试聊爱好。电影？文学？游戏？钓鱼？淘宝总不会错了吧……然后就是家庭。都有孩子的聊孩子，都有老公的聊老公，都单身的就聊单身……你也可以聊专业或者教育程度。做传媒的跟传媒的，做 IT 的跟不懂电脑的，等等。又或者，你本科，我也本科，你博士，我也博士，你留学欧洲我去过通州，我去了美国得克萨斯州你去了山东德州，你去了日本东京留学，我上过京东买东西。有些听着很牵强，但在初次见面的时候会很有效。

很多时候，我们交朋友就是一个求同的过程。

方法二：运用幽默的动作。

不知道大家有没有看过憨豆的表演，他的很多影片中是没有台词的，只有肢体动作，却让人感觉好笑。因为他在刻意夸张一些在我们一般人看来不重要的细节，而这些无关紧要的细节，恰恰就是幽默的要点所在。里面有很多值得我们学习的地方，并且可以运用到初次见面上。

比如握手，一个很简单的动作，我们有好几种喜剧表演方式：

一、假装手被握得很疼，对方会很吃惊，以为不

小心弄疼你了;

二、用黑人的方式跟对方比拳;

三、假装有静电:"没想到我俩还挺来电的。"

四、对方手掌伸过来的时候,你出剪刀。

诸如此类,要让对方觉得你这人挺有趣的,但又不觉得烦。这个度很重要。

方法三:运用幽默的思维。

在与人初次交谈的时候,幽默的思维是很吸引人的。

比如谈到孩子,大多数人的思维是好可爱,好有爱。你可以用幽默的思维来表达看法。我曾经有个段子是这样说的:"我每次看到有人车后面贴有'车内有婴儿'的标语就离他一点。在我看来,这个标语就是个恐怖威胁:我现在有个哭闹的孩子和唠叨的老婆，我已经不怕死了。"

还有，说到交通意外，很多人觉得是一件很恐怖的事情，我倒觉得也未必。

我曾设想过："我要是死于交通事故的话，我希望是跟运水泥的车相撞，这样死后立刻就有了一个我的雕像。这样就不用担心以后葬在哪里了，直接进博物馆。"

大概就是这样，运用幽默的思维去与初次见面的人聊天，对方一定觉得你太有意思了。

方法四：如果你不懂幽默，那就尽量诚恳、诚实。

初次见面，我们习惯戴着面具示人，但实际上，一开始就卸下面具，诚实诚恳，才是大家相互之间建立信任的前提。而且，有时候诚恳能救你一命。

在美国的时候，有一次我和朋友从俱乐部演出回来，已经很晚了，经过一个治安比较混乱的街区，我们都很紧张。结果车开着开着，突然另一辆车猛地从黑暗中冲出来，横在我们前面。接着从车上下来几个彪形大汉，手里拿着枪，走过来，敲敲车窗让我摇下来。我那时候都吓坏了，哆哆嗦嗦地把车窗摇下来，看着他们。他们问我们是干什么的，我很诚恳地说我们是脱口秀演员，刚表演完准备回家。他盯着我看了几秒钟，突然扑哧一下笑出声来，说："你这样还是个脱口秀演员？这太好笑了。"之后就放我们走了。

当然这个例子比较极端，但道理就是这样。

现在大家多聪明啊，你是诚恳的还是装模作样的，都能一眼看出来。本着以诚交友的态度总不会错。

其实我们前面已经说过多次,只有面对自卑,承认自卑,才有可能战胜自卑。不过有一个疑问是,有没有必要在初次见面的时候就主动暴露自己的自卑?

我觉得非常有必要。不仅要暴露,而且要精准主动地暴露,这不仅是一种诚实,更是一种策略。

我们常常会听到有这样的开场白:"对不起,我这人不太会说话。"请注意,接下来你会发现他其实挺会说话的。或者,"我嘴笨,说错话或者得罪人请包涵",这同样是一种策略——先跟大家交底,暴露自己的缺陷,也算是给对方打个预防针:说得好是我超水平发挥,说得不好情有可原。

也就是说，主动承认自己自卑说到底是一种谦逊，是把自己放低，在这个基础上去表达、说笑，哪怕真说得不好，都会给人不错的印象。

当然，加点幽默就再好不过了。

最后，需要提请大家注意的是，我们自卑者常常喜欢做一些相反的事情。越是自卑越表现得自大，越是不被关注越是出位希望获得关注。这种刻意表演"不自卑"的方式恰恰是极度自卑的体现，给人一种心智不太成熟的感觉。希望大家千万不要去尝试。

好了，这一章就到这里。下一章是这个系列的最后一章：社交场所的幽默运用。

15

第十五章

社交情境：
要么不开口，
要么笑倒一片

这是最后一章，我不打算讲任何道理了，直接教方法。前面十四课的讲解，我一直在重复同一个道理：直面自卑，真诚交流，让不自信成为我们的风格，让幽默成为我们的武器。

如果你经过十四章的学习，已经彻底理解了以上原理，那么恭喜你，你将带着一种有所得的心态去实践，去各个社交场所，展示你的学习成果。这一章，我将会列举十个我们有可能遇到的社交情境，来教大家用幽默的方法和心态一一击破。准备好了吗？

一、饭局

我们常常会被邀请去参加一些饭局，尤其在北京、上海这样的大城市，几乎每天都有饭局出现。

你要是爱喝酒，日子就太爽了——随便到一个饭局说："对不起，我迟到了，罚酒三杯！"然后说："对不起，走错屋子了，再罚三杯！"这种饭局既能联络感情交朋友，也能进行利益交换，是一个非常重要的社交场合。

自卑者们难免也会被邀请参加这样的饭局，但因为内向不善言谈，所以很紧张，怕被冷落。这时候喝点酒壮胆倒是能让自卑者敞开心扉。饭局开始一般是讲套话，酒过三巡菜过五味之后就是"多有缘分感情多深"，再喝多了就开始挑毛病说其他人不是东西。所以在大家互相说好话的时候放开说你对其他人的感激，讲几个自己的经历或新闻八卦。

不过这毕竟是社交场合，有些事情还是要注意。

有一次，我去参加一个饭局，刚开始不久，一个女服务员进来，手上拿着个袋子说："来，把手机都扔到这个袋子里，我暂时保管，以免有人偷录。"我们想想也对，就把手机都扔了进去，还夸这个酒店想得周到。等吃到一半，我突然有事要打电话，找那服务员要手机，结果怎么找也找不到。后来查监控，发现那假服务员早拿着我们一袋手机溜走了。

二、首次去拜访未来的岳父岳母

这是一件很让人紧张的事。首先要记住，你有这种感觉就对了，说明你对女孩是认真的，最起码想让女孩在她父母面前过得去，更想让她父母认可自己。因为是第一次见面，你需要做到的是两个字：讨好。而且要讨好得有悬念有包袱。

比如夸准岳父岳母年轻："姐姐姐夫好，轩轩的父母在家吗？"

"阿姨我们之前在哪儿见过吧？对了，我好像在家里挂历上见过您的照片。"

"我最喜欢轩轩的一点就是，她给人感觉很有家教。"

"看您一家人的身材，阿姨做饭不仅好吃而且减肥啊。"

当然，要记住，无论你怎么讨好，适当的时候也要严肃，比如在对爱人的情感和责任上一定要严肃诚恳，否则容易给人留下油滑的印象。

三、与网友见面

网络给了我们表达的空间，同时也在某种程度上让我们习惯了表演和掩饰。很多人在网络上非常生猛睿智，在生活中却自卑内敛。

而在网络时代，与网友见面已是一种社交的常态。我是希望那些自卑者能偶尔从网络的情境中脱离出来，去与网友见面，感受真实的生活。

可是这样我们又会有一种担心，害怕自己的自卑呈现在人前，而失去了神秘感和好不容易在网络上积攒起来的一点点自信心。怎么办？

首先，尽量选自己熟悉的场所，比如常去的咖啡馆、小饭馆，或者酒吧，而且服务员认识你的地方。

其次，尽量参加人少的网友见面，最好一次不超过三个人。人越少，意味着你发言的机会越多。一定要避免那种动辄几十人的网友见面会,自卑者很容易湮没其中。

最后,大胆承认自己的伪装,用自嘲的方式承认自己和网上其实是两种性格,甚至是两种长相,坦然面对。对方反而会因此对你产生尊敬,因为一个人愿意把他真实的一面暴露在你面前,表示了他对你的信任。

四、和同事聚餐

在工作之余,与同事的聚餐是避免不了的。我们自卑者要做的,就是尽量不要出风头,默默保持自己的人设,不要刻意去讨好领导或者亲近同事,同时在别人抛来话头时,要运用自己的幽默接上话。比如:

有一次聚餐的时候，领导说："我们做项目要脚踏实地，不能着急，别总想着一口吃个胖子。"我说："您是让不让我们吃这个红烧肉啊？"

当然，你最好有一项专属技能，能让你一鸣惊人。

我以前不大敢于在聚餐的时候表达，也不擅长唱歌，但去K歌的时候，我倒是会模仿迈克尔·杰克逊唱几句，然后再走个太空步让大家惊喜，博些掌声。

五、作为好友婚礼的嘉宾

我是听你的歌长大的

在好友的婚礼上,被邀请上台讲话也是常有的事情。这时候也不要慌,记住今天的主角是新郎新娘,你可以放松心情,说些调侃的话。一方面讲讲你们之间的友谊,以前一起做了什么好玩儿的事、新人单身时的惨状,以及你是怎么给他们当灯泡的;另一方面,来宾听了好多严肃动人的话,也想图个开心,你可以说:"认识她之前,他不是很开心,笑起来也是皮笑肉不笑。认识她之后他的笑就从表皮转移到了心脏。我是怎么知道的呢?是给他俩当灯泡的时候发现的。"

诸如此类。记住，出于对女性的尊重，尽量调侃新郎，而不是新娘。

六、拥挤的地铁里遇到熟人

公共交通工具既是我们的出行方式，也是我们的社交场所。特别是在北京、上海这样的大城市，地铁上人满为患，本来不想说话，但恰好一个熟人出现在你旁边，挨得很近，躲也躲不开，只能硬着头皮打招呼聊天。

聊什么呢？一起吐槽讲段子呗！

你说："你的保时捷送去保养了？我的玛莎拉蒂也是。不过还是坐地铁好，要不然能碰到你吗？不过保时捷和玛莎拉蒂真碰上了，车就报废了！"

也可以吐槽今天的工作中遇到的糟心事，吐槽上司，吐槽同事，吐槽垃圾客户，吐槽中午的外卖和快递——我们可以把乘地铁回家的路当成一趟解压之旅，把这些压力在拥挤的人群中释放出去，也许在分开后，出地铁的那一刻，我们的心情陡然就变好了。

七、参加孩子同学的生日 party（派对）

这条适用于孩子父母。现在年轻的父母基本上都是围着孩子转，除了上班，就是陪孩子参加各种培训班，时不时还要考虑孩子的社交问题，比如带孩子参加同学的生日 party，参加各种夏令营、冬令营，去人多的游乐场所，等等，都是为了给孩子找朋友，让他们不至于太孤独。

说回生日 party，说是孩子的社交场合，其实也是大人的社交场所，大家本来不认识，也没有生意往来，是为了孩子硬凑在一起的。那在一起说什么呢？

我的建议是，除了与孩子有关的话题，什么都不要聊。

既然我们是因为孩子坐在一起，那就干脆纯粹点，只聊孩子，聊他们的教育、生活和成长中有趣的事，而在此之外的，其实大家并不关心。

话题的单一性在这样的场合是有好处的，它让我们更集中注意力，人际关系也更简单，相互之间也不会有太大压力。

但记住一点，不要炫耀自己的孩子。因为每个爸爸妈妈都觉得自己孩子是最好的。

八、在卫生间遇见上司

这是一个非常奇怪的社交情境，但它会真实出现。

我们可以先分析一下这个奇妙的场所，它既隐私，又公开，既让人觉得羞耻，又让人想要坦荡。在一些影视剧中，很多聊天场景是发生在卫生间的，比如一边洗手，一边对着镜子整理妆容，一边话里有话地聊天。

再来说说上司。毫无疑问，在工作场合大家是有等级之分的，上司也一般会比较严肃，但到了卫生间，上司通常会比你还要尴尬。为什么？因为那是一个让他的威严不起作用的地方。你没有见过哪个上司上厕所的时候还官腔十足吧："咳咳，小黄啊，我要上厕所了，我就简单说两句……"通常不可能这样。

那么，我们要做的，其实就是化解上司的尴尬。怎么化解？不要和他说话，让他专心上厕所。我有一次在厕所里遇到一个粉丝求合影，非常尴尬。还好是拍照不是录视频，听不到声音。所以在你的上司结束之后来到洗手池时，你再说想说的话，这个时候大家刚刚把需要在厕所里完成的重任完成了，心情都挺好的。

说什么？说工作以外的话题。把工作的事留到工位上去说，把闲话留在卫生间里。这样做的好处是，让领导知道你是一个公私分明的人，是一个懂分寸的下属，会对你产生好印象。

九、老同学聚会

去参加老同学聚会，不管你混得好还是不好，都尽量少说话。因为你混得好，话太多，别人会觉得你炫耀；混得不好，话太多，别人会觉得你好烦。所以，我们尽量做到要么不开口，要么笑倒一片。

怎么做？

我们在去之前，先把当年的校园经历仔仔细细回忆一遍，找出觉得有意思的共同记忆，把它们提前琢磨成段子，存储在自己的脑海里，等到了聚会上，找机会再把这些段子一一抛出来，效果也就有了。

现在大家都喜欢那种冷不丁爆出笑料的人，而不是那种时时刻刻谈笑风生的老油条。

记住，在同学聚会上尽量只说青春记忆，不谈现

我这人怎样都无所谓

"

实问题。不问别人的收入，不问别人的家庭，更不要关心别人的车子和房子。不要总想办法给自己和别人添堵。

相信我，只有拿青春作乐的同学聚会，才会真的做到好聚好散。

十、面试

每个人找工作，都会经历面试，如何在面试中运用幽默也是一种学问。

面试和演讲一样，对方不是很容易看得出你内心的紧张，你的自信倒是很容易传递给对方。比如面带微笑主动握手，注意见面之前要偷偷把手擦干，而且握手要握得稍微用力一些。如果对方感觉你的手又软又湿像条死鱼就不太好。

从自我介绍起就可以植入幽默。这点我们前面有一集说过，找到自己名字的趣味点。比如我有个朋友李奥特，他喜欢这样介绍自己："我姓李，名奥特，奥巴马的奥，特朗普的特，我时常感觉自己像是

但我女朋友是个有所谓的人

祝大家开心，好运

他们俩在一起生的孩子。"

现在有很多人有英文名字，也可以拿来幽默一下。演员曹瑞的英文名字叫 Sorry（英语"对不起"的意思）。这名字就可以开很多玩笑。比如有人问："What's your name?"他说："I'm sorry."

面试的过程中要真实，但这不妨碍运用一些幽默。有一次面试官问我，"你的短期目标是什么？"我说："多短？"他说："你现在最想实现的目标是什么？"我说："我现在最想实现的目标就是回答你提出的这个问题。我好像已经完成我的短期目标

了呢！"

  当然，生活中我们遇到的社交场所何止这十个，每一个都需要我们这些自卑者去探索和面对。最后送给大家一句话，自卑不可怕，它不是敌人而是朋友，我们不是去对抗它，而是去拥抱它，让它和我们和平相处，久而久之，你会发现，自卑也能散发出迷人的光芒。

  好了，这本书到这里就全部结束了。祝大家开心，好运。再见。

再 见